JN290993

科学のアルバム

花の色のふしぎ

佐藤有恒

あかね書房

サクラの花《はな》から花《はな》へ、アゲハチョウが飛《と》びまわっています。太陽《たいよう》の光《ひかり》にすけて、花《はな》びらの色《いろ》がいっそうかがやいています。わたしたちのみている花《はな》と、チョウの目《め》にうつっている花《はな》と……。

花《はな》の色《いろ》には、どんなふしぎがあるのでしょう？

もくじ

イラスト●神山博光
渡辺洋二
林　四郎
装丁●画工舎

➡冬《ふゆ》から早春《そうしゅん》にかけてさくツバキの花《はな》にやってきたメジロ。メジロは、ツバキの花《はな》の蜜《みつ》をすい、花《はな》から花《はな》へ飛《と》びうつります。そのとき、花粉《かふん》がメジロのからだの一部《いちぶ》について運《はこ》ばれます。（写真《しゃしん》・菅原光二《すがわらこうじ》）

早春《そうしゅん》の花《はな》と虫《むし》

昆虫《こんちゅう》たちが姿《すがた》をかくしていた冬《ふゆ》がれの野原《のはら》に、太陽《たいよう》の光《ひかり》が日《ひ》ごとに強《つよ》くさすようになりました。すると、まちかねていたように、アリやアブたちが姿《すがた》をみせはじめます。アリは巣《す》を開《ひら》いてさかんに土《つち》を運《はこ》びだしています。アブがすこし飛《と》んでは、また、草《くさ》の葉《は》にとまります。

オオイヌノフグリが小《ちい》さな紺色《こんいろ》の花《はな》をつけて、南《みなみ》のがけは、花《はな》のじゅうたんです。

花粉《かふん》にまみれて、アリが花《はな》の蜜《みつ》をすっています。ヒラタアブもきて、蜜《みつ》をすい、花粉《かふん》をなめています。アブの重《おも》みで花《はな》がかたむき、花粉《かふん》のついたからだが、めしべの先《さき》にふれました。

↑早春《そうしゅん》の野原《のはら》一面《いちめん》にさくオオイヌノフグリの花《はな》。
←円内《えんない》，トビイロケアリがきて，腹部《ふくぶ》がふくらんでアメ色《いろ》になるほど花《はな》の蜜《みつ》をすっています。

→春《はる》のおとずれをつげるナノハナ畑《ばたけ》。黄色《きいろ》い花《はな》が春風《はるかぜ》にゆれます。

↓ナノハナにきたスジグロシロチョウ。ストローのような口《くち》で，花《はな》のおくの蜜《みつ》をすっています。

花《はな》の役《やく》目《め》としくみ

春《はる》になると、さまざまな色《いろ》や形《かたち》の花《はな》がさき、チョウやハチたちも活動《かつどう》をはじめます。

さきおわった花《はな》のあとには実《み》ができ、中《なか》にたねが育《そだ》ちます。花《はな》の役《やく》目《め》はたねをつくり、子《し》孫《そん》をのこすことです。

たねをつくるのにたいせつな部分《ぶぶん》は、おしべとめしべです。おしべの花粉《かふん》がめしべの先《さき》について受粉《じゅふん》すると、はじめてめしべのもとにある部屋《へや》、子房《しぼう》の中《なか》でたねが育《そだ》ちます。

花《はな》びらは、つぼみのあいだおしべやめしべをまもっているだけでなく、きれいに着《き》かざって虫《むし》をよびよせる働《はたら》きもしています。

花《はな》びらはもともと葉《は》であったものが、長《なが》い地球《ちきゅう》の歴史《れきし》のなかで、植物《しょくぶつ》と虫《むし》がつきあいを深《ふか》めていくうちに、形《かたち》や色《いろ》をかえてきました。

ナノハナのたね。じゅくすとさやがわれて，たねがおちます。

上《うえ》からみたナノハナ。花《はな》びらが十字形《じゅうじがた》にならんでいるのがとくちょうです。

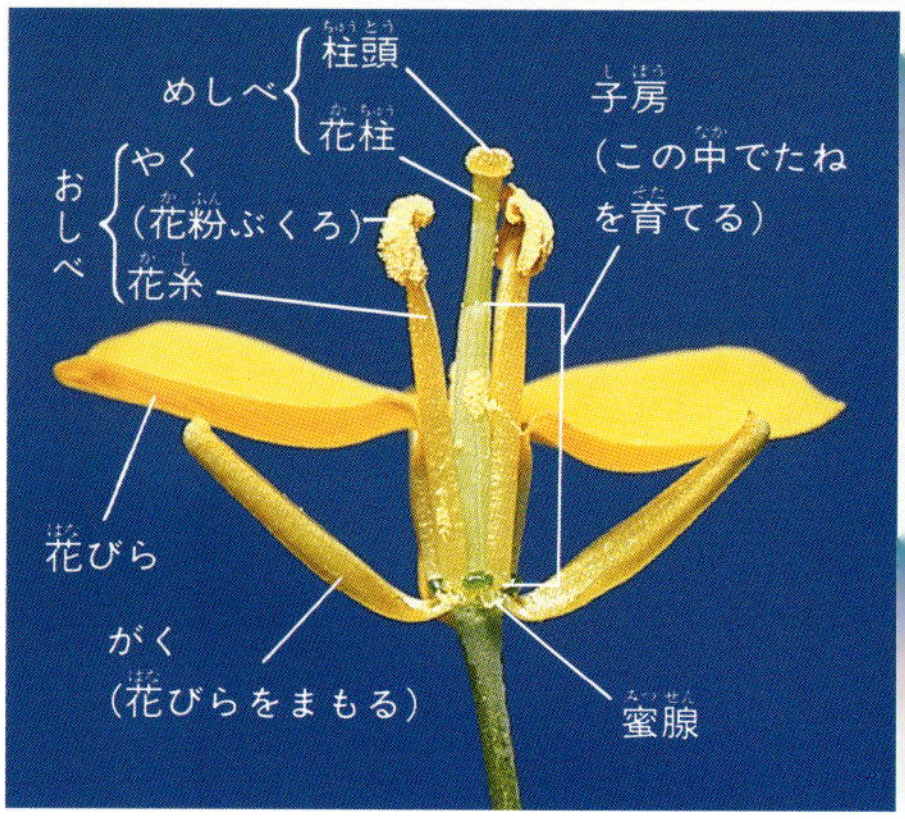

ナノハナの花《はな》のつくり

ナノハナは、虫《むし》をよんで花粉《かふん》を運《はこ》んでもらい、実《み》をむすぶ代《だい》表的《ひょうてき》な花《はな》の一つです。

ナノハナには、四枚《まい》の花《はな》びら、一本《ぽん》のめしべ、六本《ぽん》のおしべがあります。めしべのもとには、蜜腺《みっせん》といって、蜜《みつ》をだす緑色《みどりいろ》の玉《たま》が四つあります。

ナノハナは、自分《じぶん》の花《はな》の花粉《かふん》や、同《おな》じ株《かぶ》の花《はな》の花粉《かふん》では、実《み》をむすびにくい性質《せいしつ》があります。

受粉《じゅふん》のし方《かた》

花粉《かふん》のうけわたし方《かた》には、大《おお》きくわけて、左《ひだり》の図《ず》のような三つの場合《ばあい》があります。

花粉《かふん》の中《なか》には、いのちをつたえる設計図《せっけいず》がはいっています。子房《しぼう》の中《なか》のもう一つの設計図《せっけいず》といっしょになって、たねをつくるしくみがはたらきます。同《おな》じ花《はな》や同《おな》じ株《かぶ》では設計図《せっけいず》も同《おな》じですが、株《かぶ》がちがうと、すこしずつ性質《せいしつ》がちがっています。ちがう株《かぶ》の花粉《かふん》をうけて、よりよい性質《せいしつ》と組《く》みあわさったほうが、よい子孫《しそん》をのこす機会《きかい》にめぐまれることになります。

花《はな》の種類《しゅるい》によって、ほかの株《かぶ》の花粉《かふん》でないと、実《み》をむすばなかったり、たねのできないものがあります。

①自花受粉《じかじゅふん》 自分《じぶん》の花《はな》の花粉《かふん》で受粉《じゅふん》。
②隣花受粉《りんかじゅふん》 同《おな》じ株《かぶ》のほかの花《はな》の花粉《かふん》で受粉《じゅふん》。
③他花受粉《たかじゅふん》 同《おな》じなかまのほかの株《かぶ》の花粉《かふん》で受粉《じゅふん》。

①

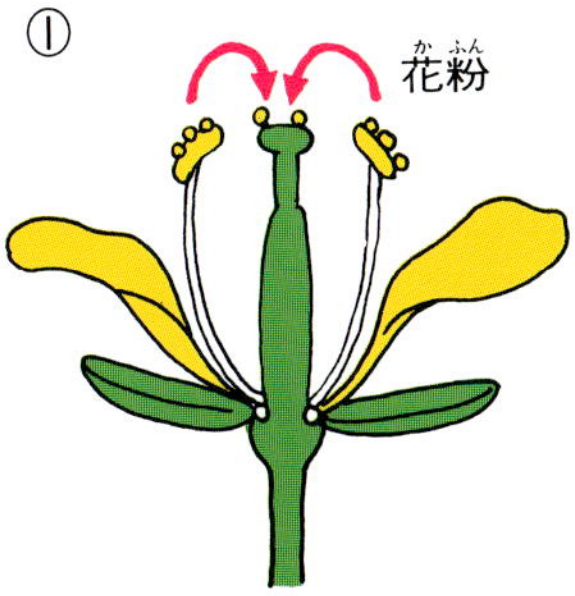

②

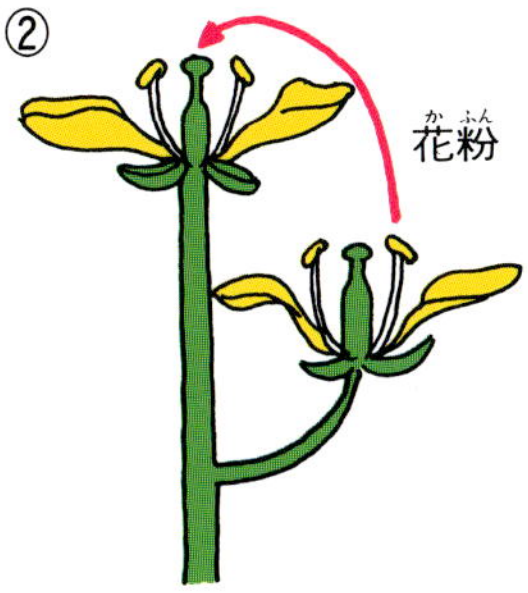

③

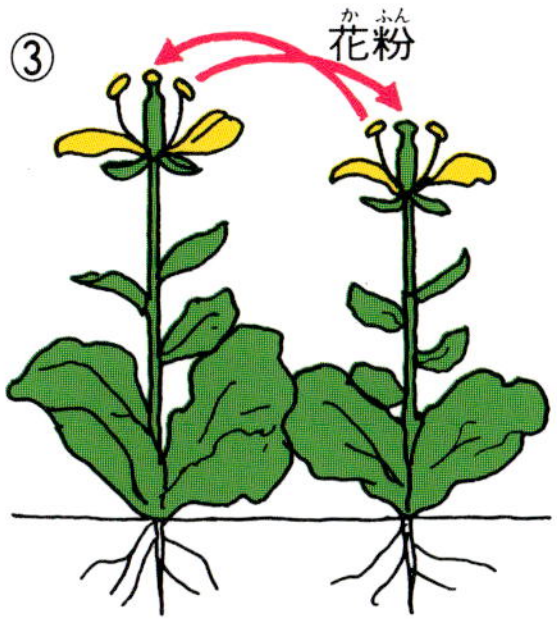

→アオキのおばな(上《うえ》)とめばな(下《した》)。アオキにはお株《かぶ》とめ株《かぶ》があり，それぞれおばなとめばなをさかせます。実《み》をつけるのはめ株《かぶ》だけです。おばなには４本《ほん》のおしべだけで，めしべはなく，めばなには１本《ぽん》のめしべだけで，おしべはありません。まわりの赤紫色《あかむらさきいろ》の部分《ぶぶん》が花《はな》びらです。

←ヤブガラシの花《はな》。緑色《みどりいろ》の花《はな》びらは，花《はな》が葉《は》からかわったころの色《いろ》を，そのままのこしているからでしょう。花《はな》が開《ひら》くと，まもなくおしべと花《はな》びらをおとして，午後《ごご》にはめしべだけの花《はな》になります。早《はや》ばやとおしべがおちるからでしょうか，実《み》をほとんどつけません。

↓タマノカンアオイ。４～５月《がつ》ごろ花《はな》をつけます。暗《くら》い紫色《むらさきいろ》で，花《はな》びらのようにみえるのは，がくが筒《つつ》のようにかわったものです。

→ハランの花《はな》。４月《がつ》の半《なか》ばごろ，地《じ》面《めん》すれすれに花《はな》をつけます。花《はな》びらのようにみえているのは，がくと花《はな》びらがくっついて，筒《つつ》のようになったものです。

これでも花《はな》？

庭《にわ》のハランのしげみをのぞくと、土《つち》からいきなり花《はな》がさいていました。また、山《やま》の雑木林《ぞうきばやし》のがけでは、地面《じめん》すれすれに開《ひら》いているカンアオイの花《はな》をみつけました。けっしてめだつ花《はな》ではありません。花粉《かふん》を運《はこ》ぶのはどんな昆虫《こんちゅう》でしょう。それとも地面《じめん》をはうナメクジやヤスデのなかまでしょうか。

夏《なつ》の花《はな》、ヤブガラシの小《ちい》さな花《はな》びらは緑色《みどりいろ》です。朝開《あさひら》いて、まもなくおし・べといっしょにおちてしまいます。それとともに、蜜《みつ》をだしている部分《ぶぶん》が、オレンジ色《いろ》から赤《あか》い色《いろ》にかわります。めだつ花《はな》びらがなくても、この色《いろ》で虫《むし》をひきつけているのかもしれません。

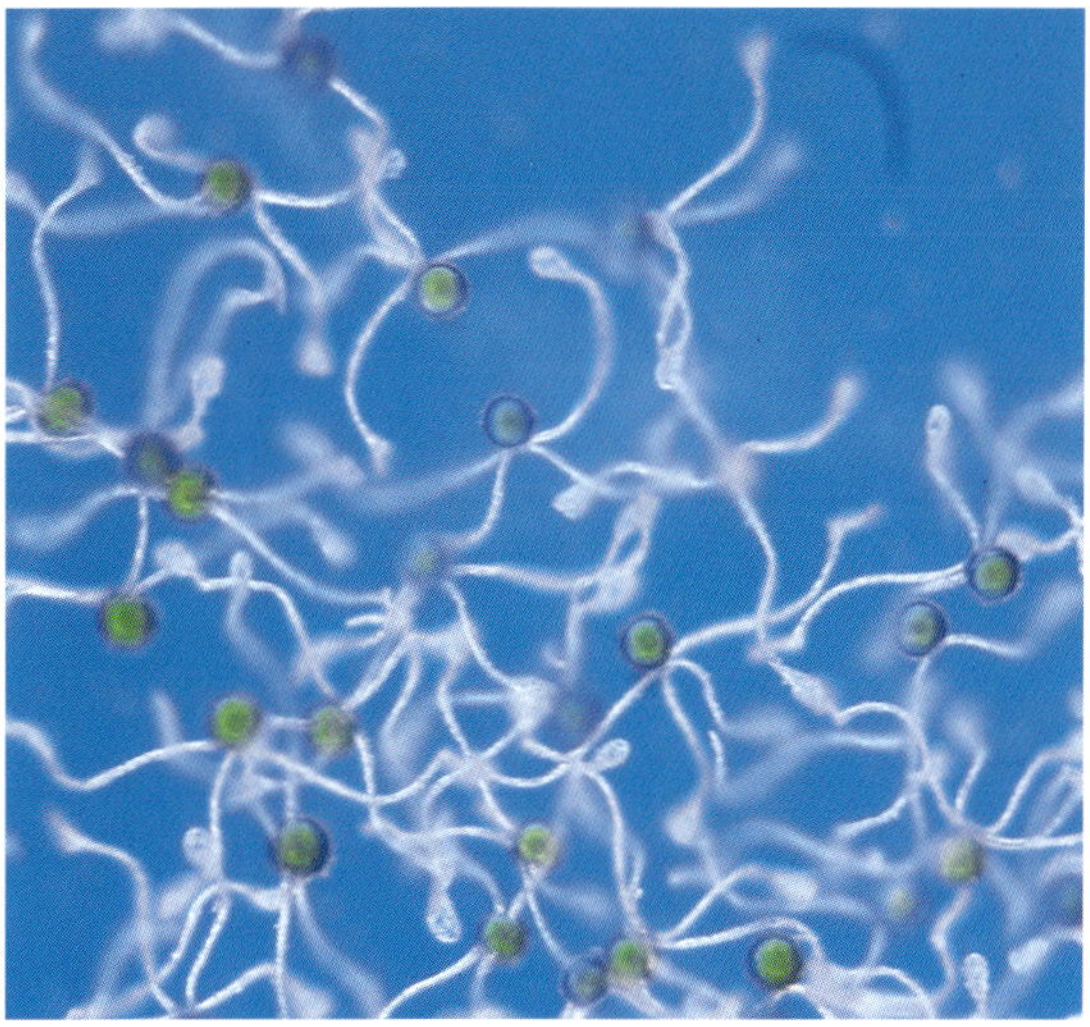

⬅胞子《ほうし》の顕微鏡写真《けんびきょうしゃしん》。胞子《ほうし》には弾糸《だんし》という四本《ほん》の緑色《みどりいろ》の帯《おび》があります。乾燥《かんそう》すると弾糸《だんし》はひろがり、飛《と》びちるのにつごうのよいつばさの働《はたら》きをします。

➡風《かぜ》にふかれて胞子《ほうし》をまきちらすツクシの穂《ほ》。乾燥《かんそう》するとひだとひだのあいだが開《ひら》いて、胞子《ほうし》が飛《と》ばされます。

胞子《ほうし》でふえるシダ植物《しょくぶつ》

花《はな》をさかせてたねをつくり、子孫《しそん》をふやす植物《しょくぶつ》が地《ち》球上《きゅうじょう》にあらわれたのは、いまからおよそ一億《おく》数《すう》千《せん》万《まん》年《ねん》前《まえ》のころといわれます。たねをつくる植物《しょくぶつ》（種子植物《しゅししょくぶつ》）は、海《うみ》の中《なか》の藻《も》のなかまが陸《りく》にあがり、コケやシダの時代《じだい》をすぎて、進化《しんか》してきました。

シダは、胞子《ほうし》で子孫《しそん》をふやします。スギナは、いまも生《い》きているシダ植物《しょくぶつ》のなかまです。ツクシの穂《ほ》は、スギナの花《はな》のようなもので、ここで胞子《ほうし》をつくります。地上《ちじょう》に落《お》ちた胞子《ほうし》はたねとちがい、一度《ど》小《ちい》さなめ株《かぶ》とお株《かぶ》をつくって育《そだ》ちます。胞子《ほうし》からすぐ、親《おや》と同《おな》じ姿《すがた》の植物《しょくぶつ》が芽生《めば》えてくるわけではありません。

●被子植物《ひししょくぶつ》(ナノハナ)

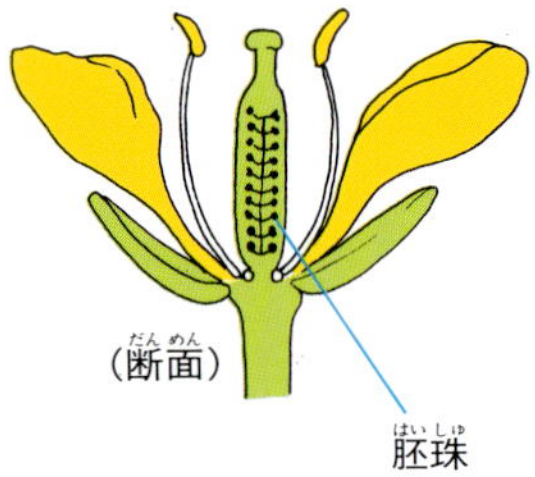

現在《げんざい》もっとも栄《さか》えている植《しょく》物《ぶつ》は，めだつ色《いろ》や形《かたち》の花《はな》をさかせて虫《むし》をよんで受粉《じゅふん》し，たねをつくります。ナノハナなどは，その代表《だいひょう》です。

●被子植物《ひししょくぶつ》(クリ)

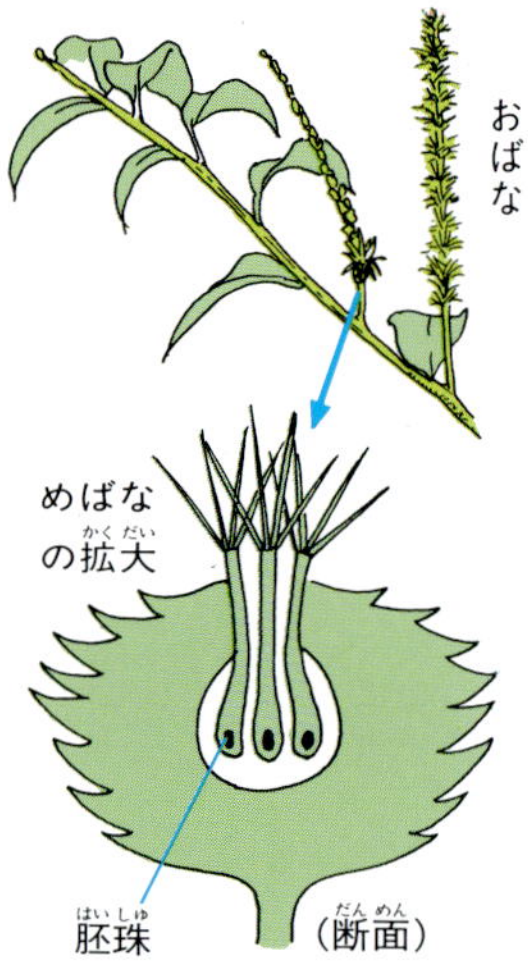

被子植物《ひししょくぶつ》のなかでも，古《ふる》い時代《じだい》にあらわれたと考《かんが》えられているクリのなかまは，花《はな》はあまりめだちません。

●裸子植物《らししょくぶつ》(マツ)

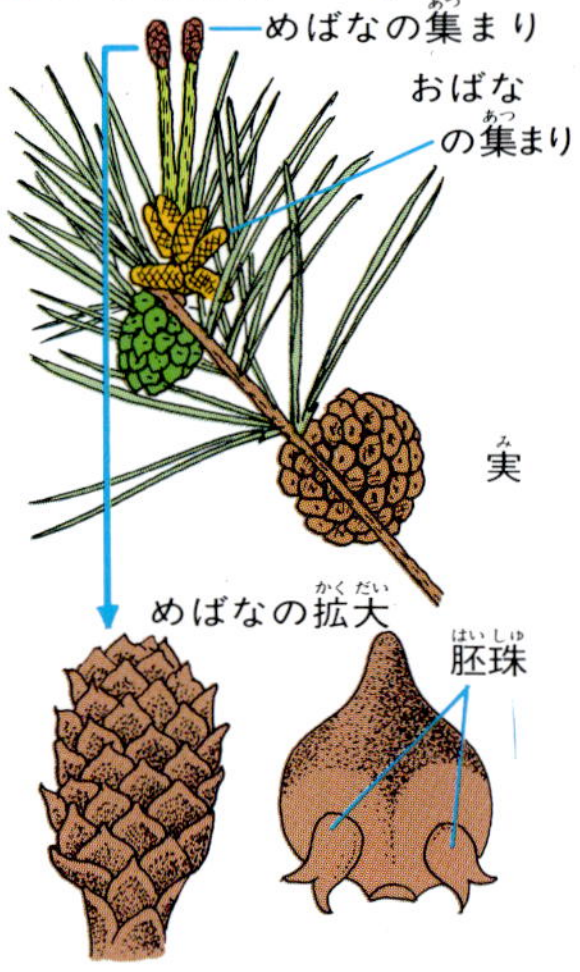

※胚珠《はいしゅ》＝たねになる部分《ぶぶん》

裸子植物《らししょくぶつ》のほとんどは花《はな》がめだたず，受粉《じゅふん》も風《かぜ》の力《ちから》にたよっています。

●シダ植物《しょくぶつ》(スギナ)

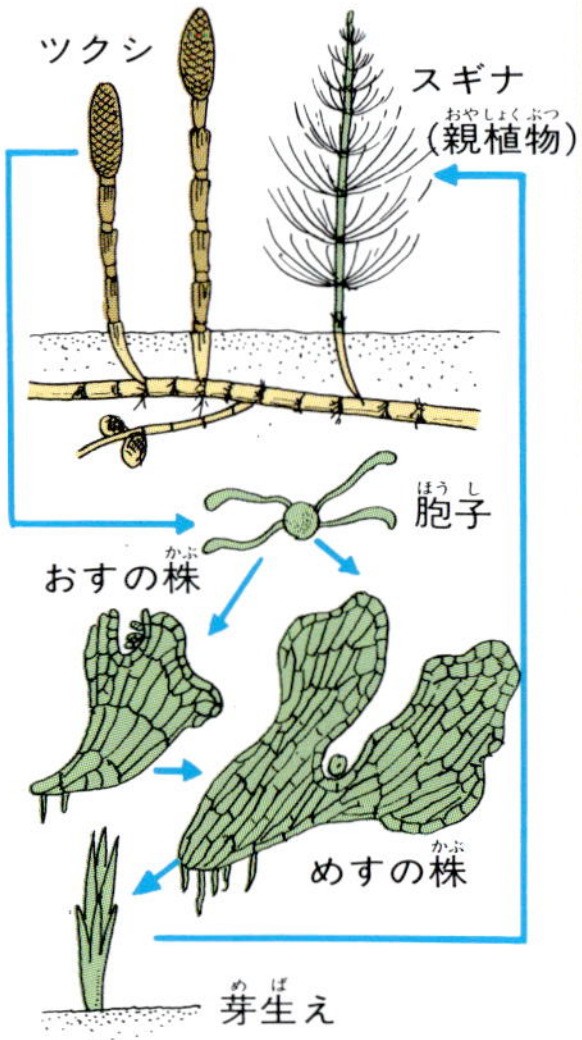

おすの株《かぶ》の精子《せいし》がめすの株《かぶ》のたまごといっしょになり，親《おや》と同《おな》じ植物《しょくぶつ》が芽生《めば》えます。

たねのでき方《かた》と花粉《かふん》の運《はこ》ばれ方《かた》

シダの時代《じだい》のつぎに、地球上《ちきゅうじょう》にあらわれたのは、マツやスギのなかまです。これらの植《しょく》物《ぶつ》はたねでふえますが、たねのできる部分《ぶぶん》がむきだしのままなので、裸子植物《らししょくぶつ》といいます。また、マツやスギは花粉《かふん》を風《かぜ》に運《はこ》んでもらって受粉《じゅふん》するので、風媒花《ふうばいか》ともいいます。風《かぜ》まかせでは、どこへ花粉《かふん》が飛《と》んでいくかわかりません。ですから、数《かぞ》えきれないほどの花《か》粉《ふん》をつくって、受粉《じゅふん》する率《りつ》を高《たか》めています。

いっぽうナノハナのように、めだつ色《いろ》や形《かたち》の花《はな》びらで虫《むし》をさそい、花粉《かふん》を運《はこ》んでもらう植物《しょくぶつ》を虫媒花《ちゅうばいか》といいます。これらの植物《しょくぶつ》は、たねのできる部分《ぶぶん》が、子房《しぼう》の中《なか》にはいっています。そこで、裸子植物《らししょくぶつ》に対《たい》して、被子植物《ひししょくぶつ》とよばれています。

⬆風《かぜ》に花粉《かふん》を運《はこ》んでもらうマツ。マツには，虫《むし》たちをひきつける花《はな》びらがありません。春《はる》にのびた若《わか》い枝先《えださき》に，めばながはだかでつき，もとのほうには，おばながたくさんつきます。

●**クリの花《はな》**

クリは被子植物《ひししょくぶつ》です。おばな(上《うえ》)もめばな(下《した》)も花《はな》びらがなく，風媒花《ふうばいか》のようにみえます。でも，おばなには強《つよ》いにおいがあり，ハナムグリやチョウがきています。いっぽう，めばなには虫《むし》がほとんどきているようすがありません。

クリは，風媒花《ふうばいか》と虫媒花《ちゅうばいか》の両《りょう》方《ほう》の性質《せいしつ》があると考《かんが》えられています。

⬆マツのめばなの集《あつ》まり。

⬆マツのおばなの集《あつ》まり。

➡春《はる》の花《か》だん。三色《さんしき》スミレともいわれるパンジー。まわりのサクラの花《はな》はソメイヨシノ。

色《いろ》とりどりの花《はな》

あなたは、どんな色《いろ》の花《はな》がすきですか？ 白《しろ》い花《はな》それとも赤《あか》い花《はな》、紫色《むらさきいろ》の花《はな》でしょうか。花《はな》の色《いろ》は数《かぞ》えきれないほどさまざまで、四季《しき》おりおり、色《いろ》とりどりの花《はな》があります。

野外《やがい》の花《はな》をみると、いちばん多《おお》いのは黄色《きいろ》や白《しろ》い花《はな》で、全体《ぜんたい》の約《やく》六割《わり》もしめています。つぎに多《おお》いのは赤《あか》やピンクの花《はな》で、およそ二割《わり》、そのあと紫色《むらさきいろ》やスミレ色《いろ》、青《あお》い花《はな》とつづきます。

これらの色《いろ》は、花《はな》びらのどこにはいっているのでしょう？ 花《はな》びらには、小《ちい》さな部屋《へや》がならんでいます。花《はな》の色《いろ》のひみつは、これらのならんだミクロの部屋《へや》にはいっています。

⬆秋《あき》の花《か》だん。手前《てまえ》の赤《あか》や白《しろ》，ピンクの花《はな》はベゴニア。向《む》こうの黄色《きいろ》い花《はな》はマリーゴールド，左《ひだり》おくの赤《あか》い花《はな》はサルビア。

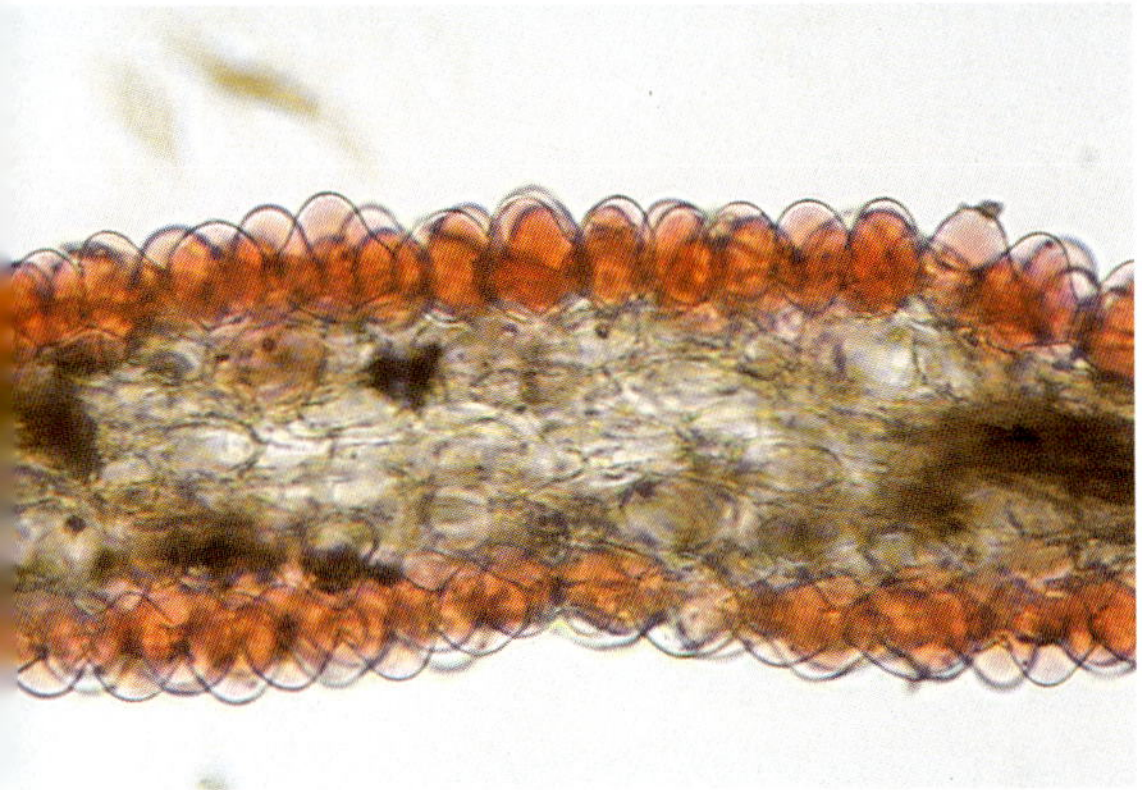

↑ホウセンカの花《はな》びらの断面《だんめん》。花《はな》びらの表《おもて》と裏《うら》に色水《いろみず》の部屋《へや》がならんでいます。

→夏《なつ》のあいださきつづけるホウセンカ。

←ホウセンカの花《はな》びらを小《ちい》さく切《き》りとり，水《みず》でふうじて顕微鏡《けんびきょう》でみました。写真《しゃしん》は，下《した》からあてた光《ひかり》が，色水《いろみず》の部屋《へや》を通《とお》ってきたところをみています。

花《はな》の色《いろ》の小部屋《こべや》

ホウセンカの花《はな》びらを切《き》りとって、顕微鏡《けんびきょう》でのぞいてみると、多《おお》くの小部屋《こべや》でできていました。一つ一つの小部屋《こべや》は、花《はな》びらの細胞《さいぼう》で、赤《あか》い色水《いろみず》がはいっています。

赤《あか》い色水《いろみず》をつくっているのは、花《はな》の赤《あか》い色素《しきそ》です。色素《しきそ》は小《ちい》さな色《いろ》のつぶですが、色水《いろみず》の中《なか》の色素《しきそ》は、水《みず》にといた絵《え》の具《ぐ》のように、一つ一つのつぶをかんたんにとりだしてみることができません。

ホウセンカの花《はな》びらにあたった光《ひかり》は、一《いち》部《ぶ》は花《はな》びらの向《む》こうへぬけていき、一部《いちぶ》は花《はな》びらの中《なか》で反射《はんしゃ》してもどってきます。

わたしたちが光《ひかり》を背《せ》にしてみるホウセンカの花《はな》の色《いろ》は、花《はな》びらの中《なか》で反射《はんしゃ》して、色《いろ》の小部屋《こべや》を通《とお》りぬけてきた光《ひかり》の色《いろ》です。

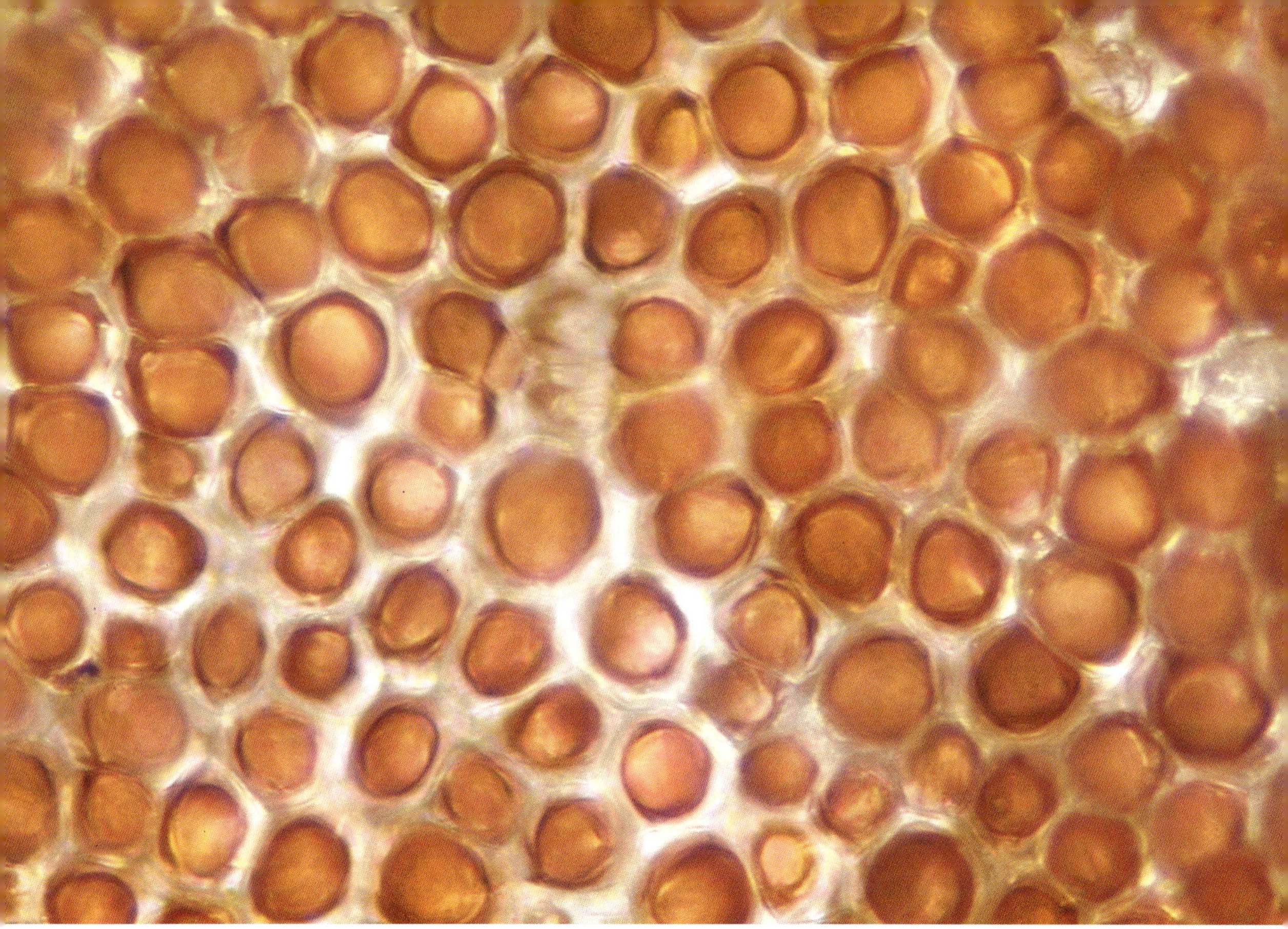

花《はな》の色《いろ》のみえるしくみ

ホウセンカの花《はな》びらを顕微鏡《けんびきょう》でみると、表《おもて》と裏側《うらがわ》に色水《いろみず》の小《こ》部屋《べや》（細胞《さいぼう》）がならんでいるのがわかります。そのあいだに、色素《しきそ》のはいっていない部屋《へや》がいくえにも重《かさ》なっています。ここは空気《くうき》のはいった細胞《さいぼう》の層《そう》です。

コップの中《なか》のあわのように、空気《くうき》の層《そう》は光《ひかり》をよく反射《はんしゃ》します。表面《ひょうめん》の色水《いろみず》の部屋《へや》を通過《つうか》した光《ひかり》の一部《いちぶ》は、ここで反射《はんしゃ》してもどります。一部《いちぶ》はそのまま下《した》の色《いろ》水《みず》の部屋《へや》を通《とお》りぬけて、裏《うら》へぬけていきます。

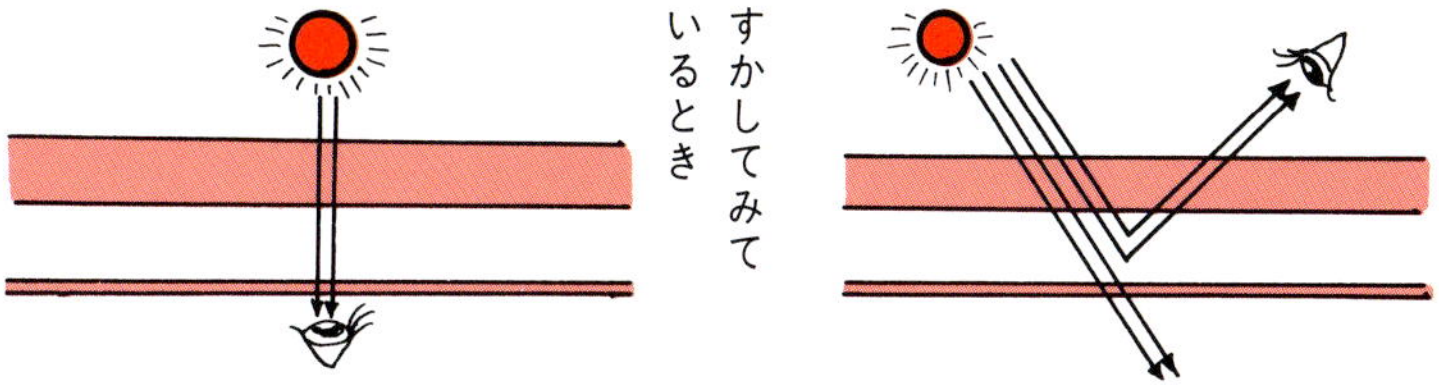

すかしてみているとき

反射した光でみているとき

花《はな》びらの断面《だんめん》

①花《はな》びらの表面《ひょうめん》のすぐ下《した》にある色《いろ》の小部屋《こべや》。色水《いろみず》がはいっています。
②スポンジのような層《そう》。色素《しきそ》はほとんどはいっていません。
③裏側《うらがわ》にある色《いろ》の小部屋《こべや》。
④空気《くうき》がつまっている小部屋《こべや》。

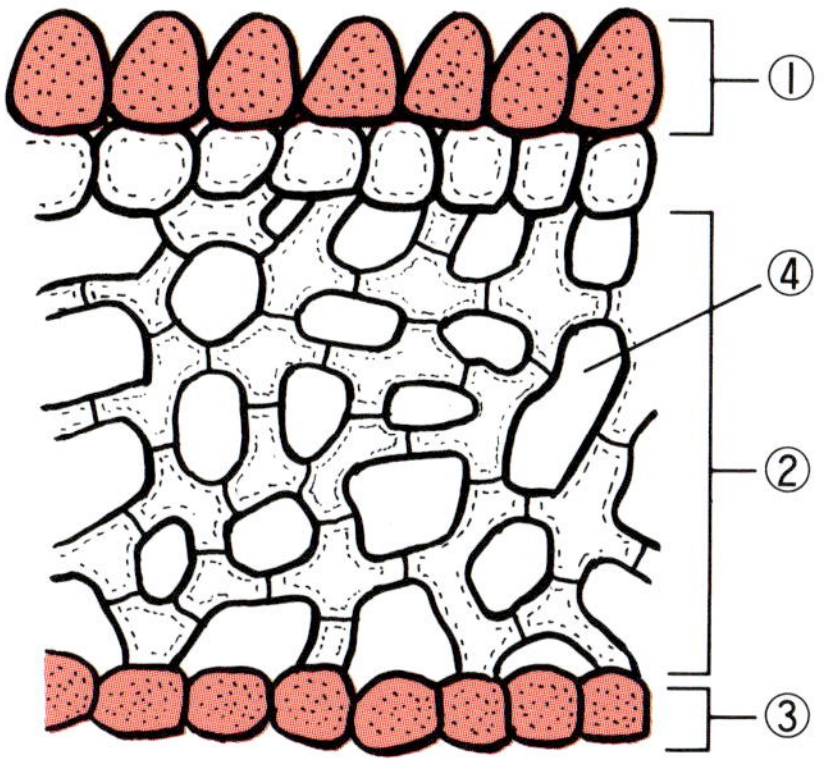

▲アサガオ

●**アントシアン類《るい》（赤《あか》）**

オレンジ色《いろ》から赤《あか》、紫色《むらさきいろ》など、多《おお》くの花《はな》の色《いろ》のもとになっている色素《しきそ》で、こいと赤《あか》く、うすいとピンクの花《はな》になります。

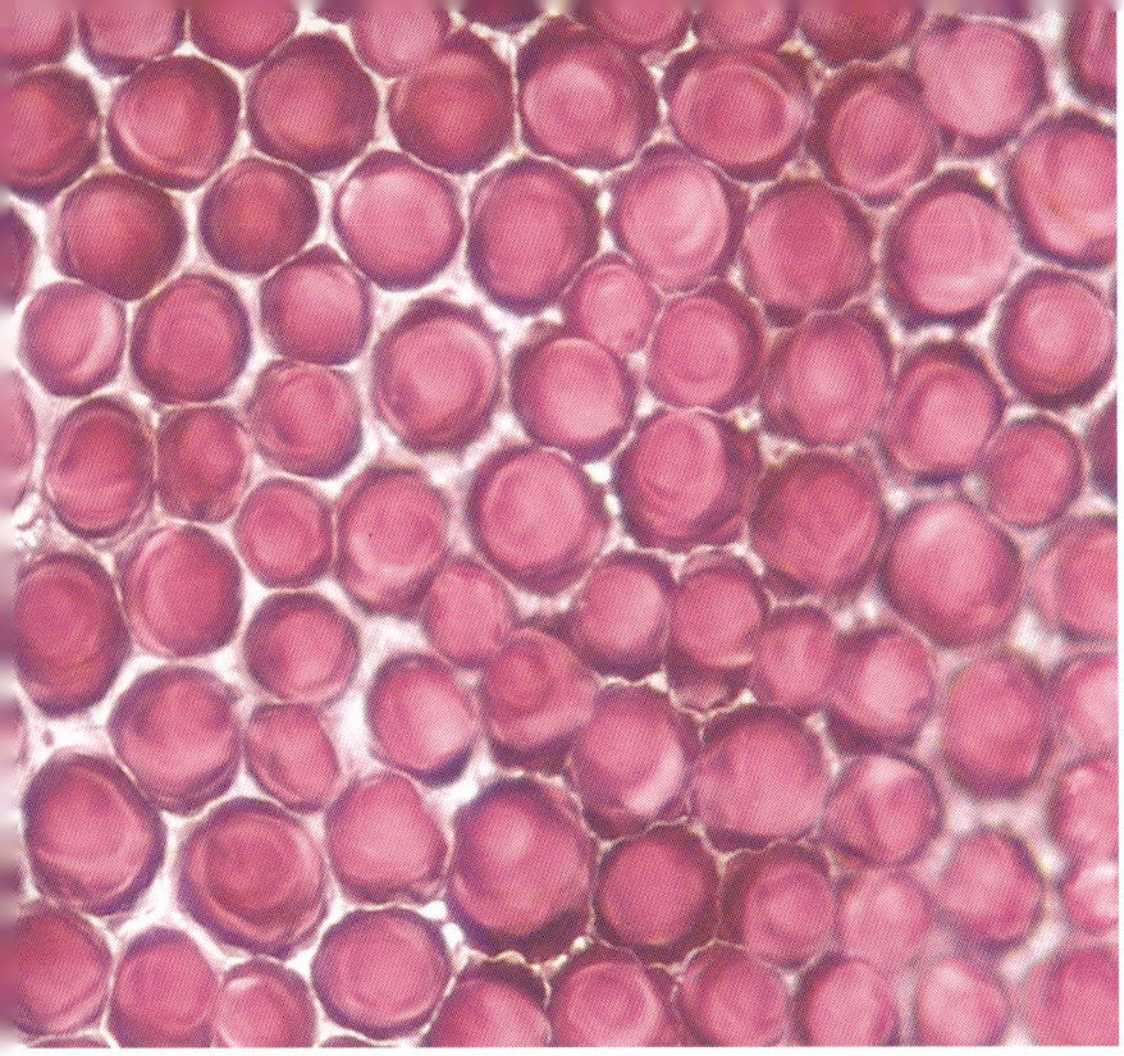

▲ツユクサ

●**アントシアン類《るい》（青《あお》）**

ツユクサやキキョウなど、青《あお》い花《はな》の色《いろ》のもとになっている色素《しきそ》です。青《あお》い色《いろ》はなぞが多《おお》く、まだ研《けん》究《きゅう》がつづけられているところです。

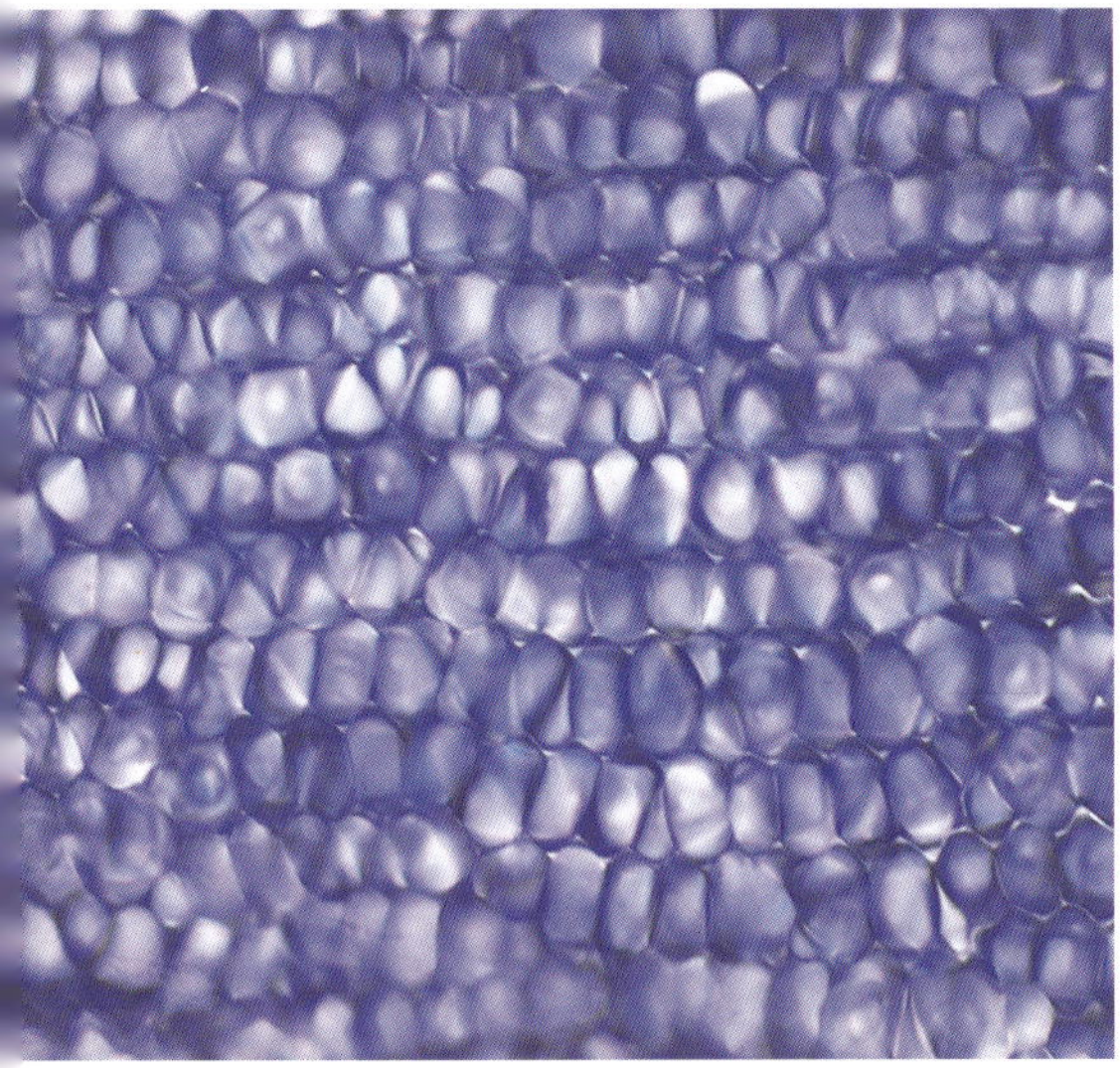

▲キンセンカ

●**カロチン類《るい》**

赤《あか》やオレンジ、黄《き》色《いろ》の色《いろ》のもとになっている色素《しきそ》です。カロチン類《るい》は水《みず》にとけにくく、つぶ状《じょう》のものの中《なか》にはいっています。

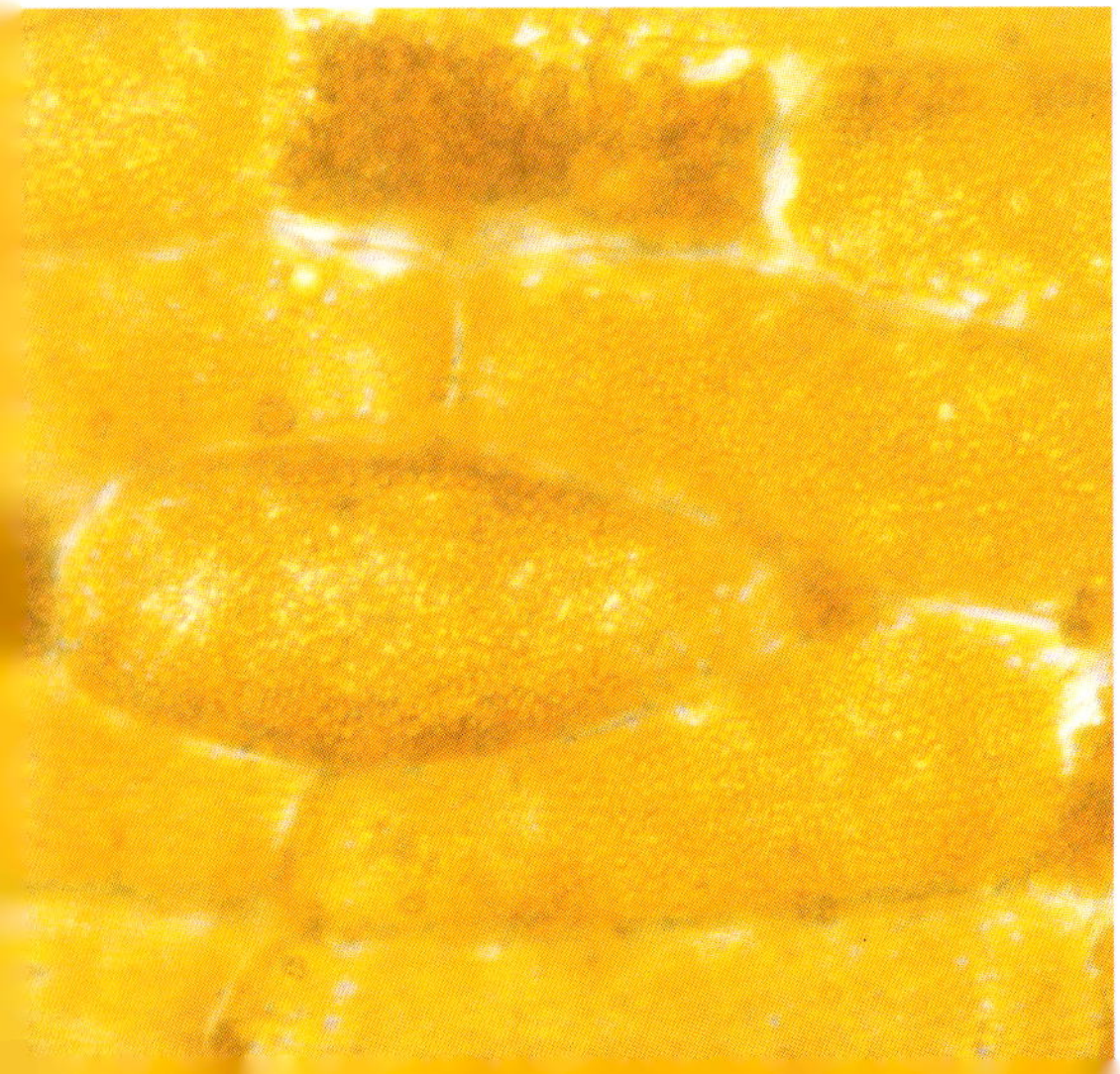

白い花

▲白《しろ》いチューリップ

白《しろ》い花《はな》には、白《しろ》い色素《しきそ》があるわけではありません。花《はな》びらの中《なか》の色素《しきそ》をふくまない空気《くうき》のはいった層《そう》が、光《ひかり》をはねかえして、それがわたしたちの目《め》に白《しろ》くみえています。ちょうど、水中《すいちゅう》のあわを外《そと》からみているのと同《おな》じです。

また、完全《かんぜん》に白《しろ》い花《はな》もありません。たいていフラボン類《るい》のうすい黄色《きいろ》の色素《しきそ》をふくんでいるからです。

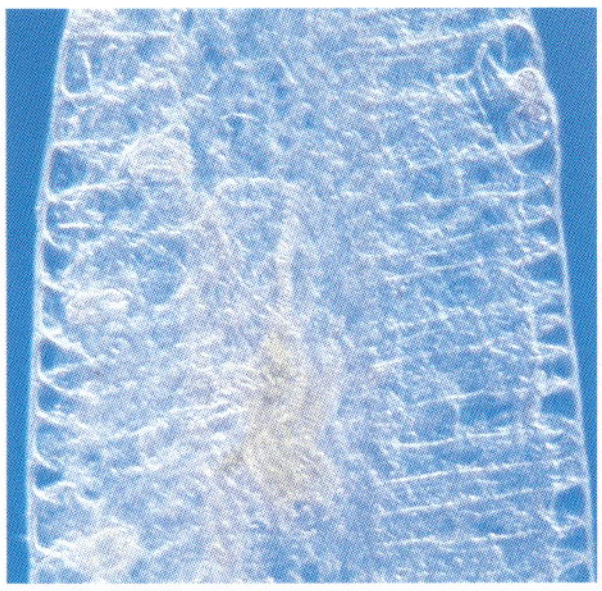
▲白《しろ》いチューリップの花《はな》びら

黒い花

▲黒《くろ》っぽいチューリップ

黒《くろ》い花《はな》もありません。白《しろ》い色素《しきそ》がないように、黒《くろ》い色素《しきそ》もないからです。たいていは、こい赤紫《あかむらさき》であったり、花《はな》びらが厚《あつ》くて光《ひかり》の通《とお》りぬける量《りょう》がすくなかったりするので、黒《くろ》くみえます。

また、花《はな》びらの色素《しきそ》がはいっている細胞《さいぼう》の表面《ひょうめん》のでこぼこが光《ひかり》のかげをつくって、そのため黒《くろ》っぽくみえている花《はな》もあります。

黒《くろ》っぽいチューリップの花《はな》びらの色水《いろみず》の部屋《へや》

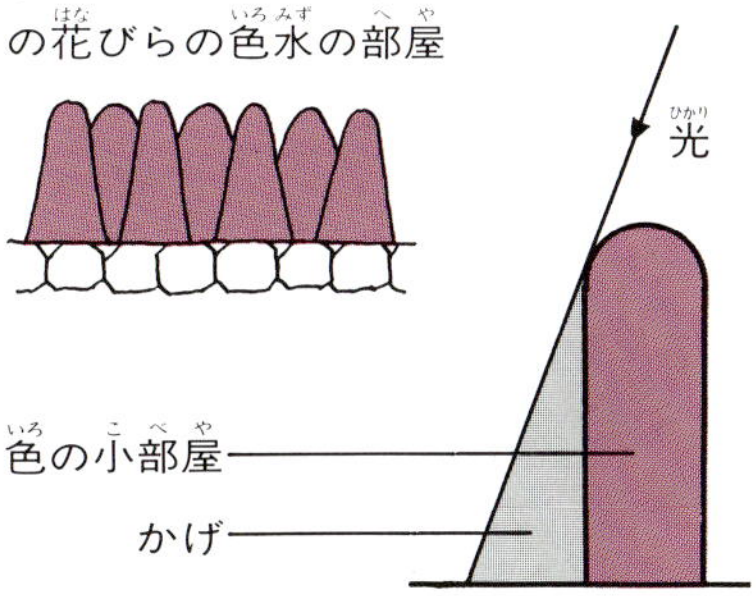

花《はな》の三大《だい》色素《しきそ》

数《かぞ》えきれないほどたくさんあるようにみえる花《はな》の色《いろ》も、そのもとになっている色素《しきそ》は、大《おお》きく三つのグループにわけることができます。

その一つはアントシアン類《るい》。この色素《しきそ》があると、花《はな》は赤《あか》や青《あお》、または紫色《むらさきいろ》です。もう一つはカロチン類《るい》。この色素《しきそ》があると、花《はな》はオレンジ色《いろ》やこい黄色《きいろ》です。

そして、いま一つはフラボン類《るい》。この色素《しきそ》はたいていの花《はな》にふくまれていて、うすい黄色《きいろ》です。この色素《しきそ》は、紫外線《しがいせん》をよく吸収《きゅうしゅう》します。

わたしたちがみている花《はな》は、ふつう、これら三つの色素《しきそ》が組《く》み合《あ》わさって、多《おお》くの花《はな》の色《いろ》にみえています。

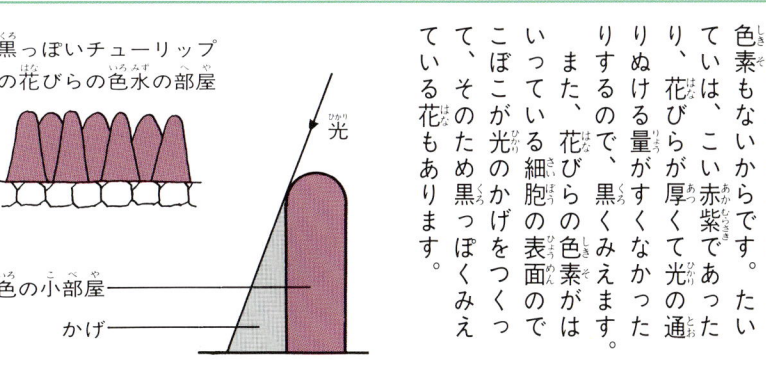

⬆右《みぎ》，ムラサキツユクサの若《わか》い小《ちい》さなつぼみをたてに切《き》ったところ。まだ花《はな》びらに色《いろ》はありません。左《ひだり》，すこしふくらんだつぼみを切《き》ったところ。紫《むらさき》色《いろ》の花《はな》びらになっていました。

⬅ハナバチのやってきたムラサキツユクサの花《はな》。ムラサキツユクサの花《はな》は，早朝《そうちょう》開《ひら》いて，午後《ごご》にはとじる花《はな》で，ヒラタアブやハナバチのなかまがきています。

花《はな》の色《いろ》はいつできる？

花《はな》の色《いろ》のもとは、花《はな》の色素《しきそ》でした。では、花《はな》の色素《しきそ》はいつできるのでしょう。

ムラサキツユクサの花《はな》がさきはじめたころ、五ミリくらいの大《おお》きさのつぼみをとって、たてに切《き》ってみました。すると、花粉《かふん》のはいっているふくろだけが黄色《きいろ》で、たたみこまれている花《はな》びらや、おしべをとりまく毛《け》のような部分《ぶぶん》は、まだ白《しろ》いままです。

ひとまわり大《おお》きなつぼみをとって、くらべてみると、紫色《むらさきいろ》の花《はな》びらになっていました。また、おしべをとりまく毛《け》のような部《ぶ》分《ぶん》も紫色《むらさきいろ》に色《いろ》づいていました。

このように、花《はな》の色《いろ》ははじめからついているのでなく、花《はな》の芽《め》が大《おお》きくなるにつれて、しだいにできてくることがわかります。

⬆右《みぎ》，暗室《あんしつ》の中《なか》で育《そだ》った水栽培《みずさいばい》のヒヤシンス。葉《は》もつぼみも黄色《きいろ》いままです。左《ひだり》，日《ひ》のあたるところにだして３時間後《じかんご》，うすく色《いろ》がつきはじめました。

⬅暗室《あんしつ》からだして３日目《かめ》。葉《は》はこい緑色《みどりいろ》にかわり，紫色《むらさきいろ》の花《はな》をさかせました。

花《はな》の色《いろ》ができるのに必要《ひつよう》な光《ひかり》

ヒヤシンスの水栽培《みずさいばい》をしていたときのことです。暗室《あんしつ》にいれたまま、明《あか》るい部屋《へや》へだすのをわすれていました。あわてて暗室《あんしつ》をのぞくと、すっかりのびた葉《は》は、芽《め》をだしはじめたときと同《おな》じ、黄色《きいろ》いままです。葉《は》はモヤシのようで、葉《は》と葉《は》のあいだに大《おお》きく育《そだ》ったつぼみも、やはりモヤシのような黄色《きいろ》です。黄《き》色《いろ》いヒヤシンスの花《はな》がさくのでしょうか。

日《ひ》のあたる部屋《へや》へだしておくと、数時間《すうじかん》でヒヤシンスの葉《は》はほんのり緑色《みどりいろ》に、つぼみはうすく紫色《むらさきいろ》になりはじめていました。

葉《は》が光《ひかり》をうけて緑色《みどりいろ》になるように、花《はな》の色《しき》素《そ》も、つぼみの中《なか》でつくられるのには、光《ひかり》が必要《ひつよう》なのです。

⬆スイカズラの花《はな》。さきはじめは白《しろ》く，１日《にち》たつと黄色《きいろ》みをおびた花《はな》になります。

時間《じかん》とともに色《いろ》をかえる花《はな》

つぼみを開《ひら》いたあとも、花《はな》びらの色《いろ》をかえていく花《はな》があります。

スイカズラの花《はな》は、さきはじめは白《しろ》く、しだいに黄色《きいろ》みをまして、二~三日《にち》さきつづけ、しおれるまえには黄色《きいろ》い花《はな》になります。

スイカズラの花《はな》が色《いろ》がわりをするのは、時間《じかん》とともに、花《はな》びらの中《なか》の黄色《きいろ》い色素《しきそ》がふえていくからだと考《かんが》えられています。

ふつう花《はな》はさいたあとも、花《はな》びらの中《なか》に色素《しきそ》がつくられつづけますが、太陽《たいよう》の光《ひかり》や空気《くうき》にふれ、こわれる色素《しきそ》の量《りょう》のほうが多《おお》くなって、花《はな》の色《いろ》はさめていきます。

⬆マツヨイグサの花《はな》は夕方《ゆうがた》から夜《よる》にかけて開《ひら》き（右《みぎ》），翌朝《よくあさ》，花《はな》がしぼみはじめると色《いろ》がかわります（左《ひだり》）。マツヨイグサの花《はな》の色《いろ》の変化《へんか》もスイカズラとにたしくみのようです。

●花《はな》の色《いろ》の変化《へんか》と助色素《じょしきそ》

花《はな》のなかには、色素《しきそ》とはべつに助色素《じょしきそ》という物質《ぶっしつ》をもつものがあります。助色《じょしき》素《そ》には色《いろ》はなく、花《はな》びらの中《なか》の色素《しきそ》とむすびついて、花《はな》の色《いろ》をかえる働《はたら》きをしていると考《かんが》えられています。

さきはじめは青《あお》いアサガオが、しぼむ前《まえ》に赤《あか》くなることがあるのは、助色素《じょしきそ》と関係《かんけい》があります。はじめは助色素《じょしきそ》の働《はたら》きで赤《あか》いアントシアンが青《あお》くみえていますが、時間《じかん》がたつと助色素《じょしきそ》がはなれて、もとの赤《あか》い色素《しきそ》があらわれてくるのです。

助色素《じょしきそ》とむすびつくとなぜ色《いろ》がかわるのか、くわしいことはわかっていません。

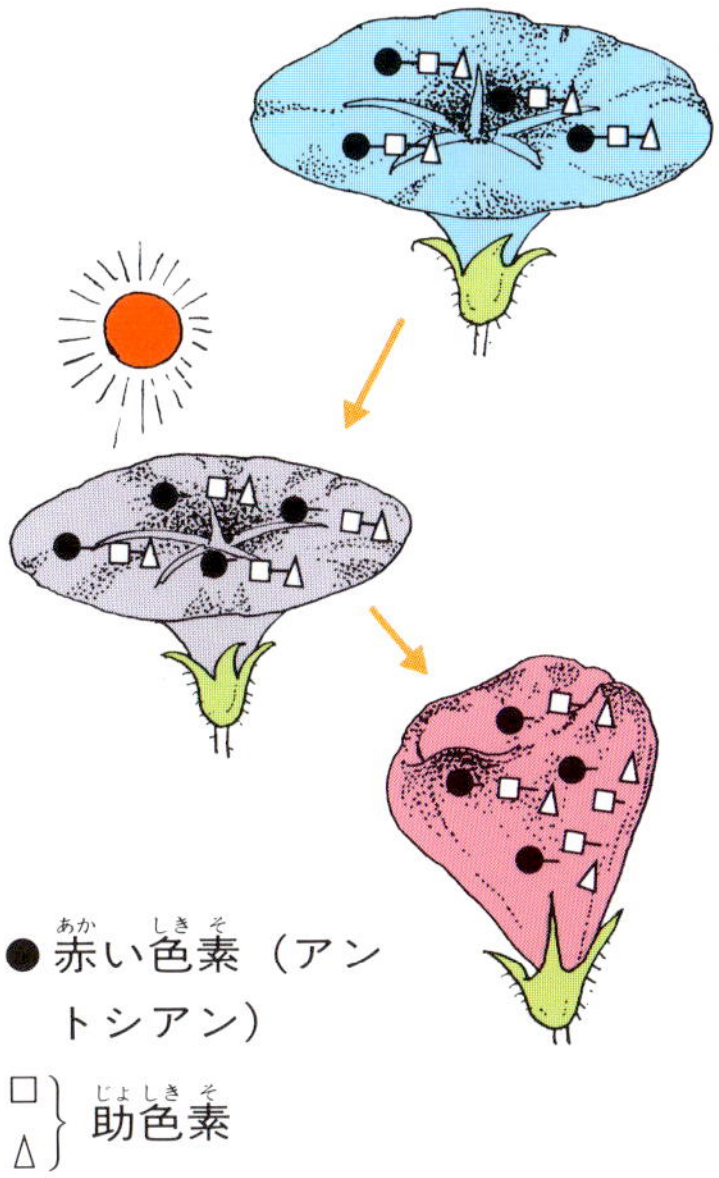

開《ひら》きはじめたアジサイの花《はな》。花《はな》びらのようにみえるのは，がく片《へん》です。

花《はな》が開《ひら》くにつれて，まわりの花《はな》からしだいに色《いろ》がつきはじめました。

うす紫《むらさき》になりました。がくの中央《ちゅうおう》に退化《たいか》したおしべとめしべがあり，実《み》はできません。

七変化《しちへんげ》の花《はな》、アジサイ

アジサイの花《はな》は、開《ひら》いてからとじるまでに何回《なんかい》も色《いろ》をかえることでよく知《し》られています。

アジサイの花《はな》びらのようにみえるのは、「がく」です。つぼみのうちは緑色《みどりいろ》で、開《ひら》くにつれて色《いろ》がでてくるようすをみていると、花《はな》が葉《は》の変化《へんか》したものであることが、よくわかります。うす緑色《みどりいろ》のがくは、外側《そとがわ》からピンクにかわりはじめ、しだいに赤紫色《あかむらさきいろ》になります。

アジサイのあるものは青《あお》から赤紫色《あかむらさきいろ》に、またピンクから青《あお》く、花《はな》の色《いろ》をかえます。色《いろ》がわりの原因《げんいん》は、花《はな》の色《しき》素《そ》とむすびつくほかの物質《ぶっしつ》と関係《かんけい》があるようです。

また、アジサイの花《はな》が青《あお》くかわるのは、土《つち》の中《なか》にふくまれるアルミニウムと関係《かんけい》があるといわれています。青《あお》い花《はな》のほうが、赤《あか》い花《はな》よりも多《おお》くのアルミニウムをふくんでいるからです。でも、アジサイの花《はな》の七変化《しちへんげ》がそれだけでおこっているのかどうか、まだ多《おお》くがなぞです。

⬆すっかり開《ひら》いたアジサイの花《はな》。この花《はな》は赤紫色《あかむらさきいろ》になりました。

⬅アジサイの青《あお》い花《はな》。アジサイの花《はな》には，青《あお》からうす紫《むらさき》や赤紫色《あかむらさきいろ》にかわるものがあって，土《つち》の性質《せいしつ》によってかわるといわれています。

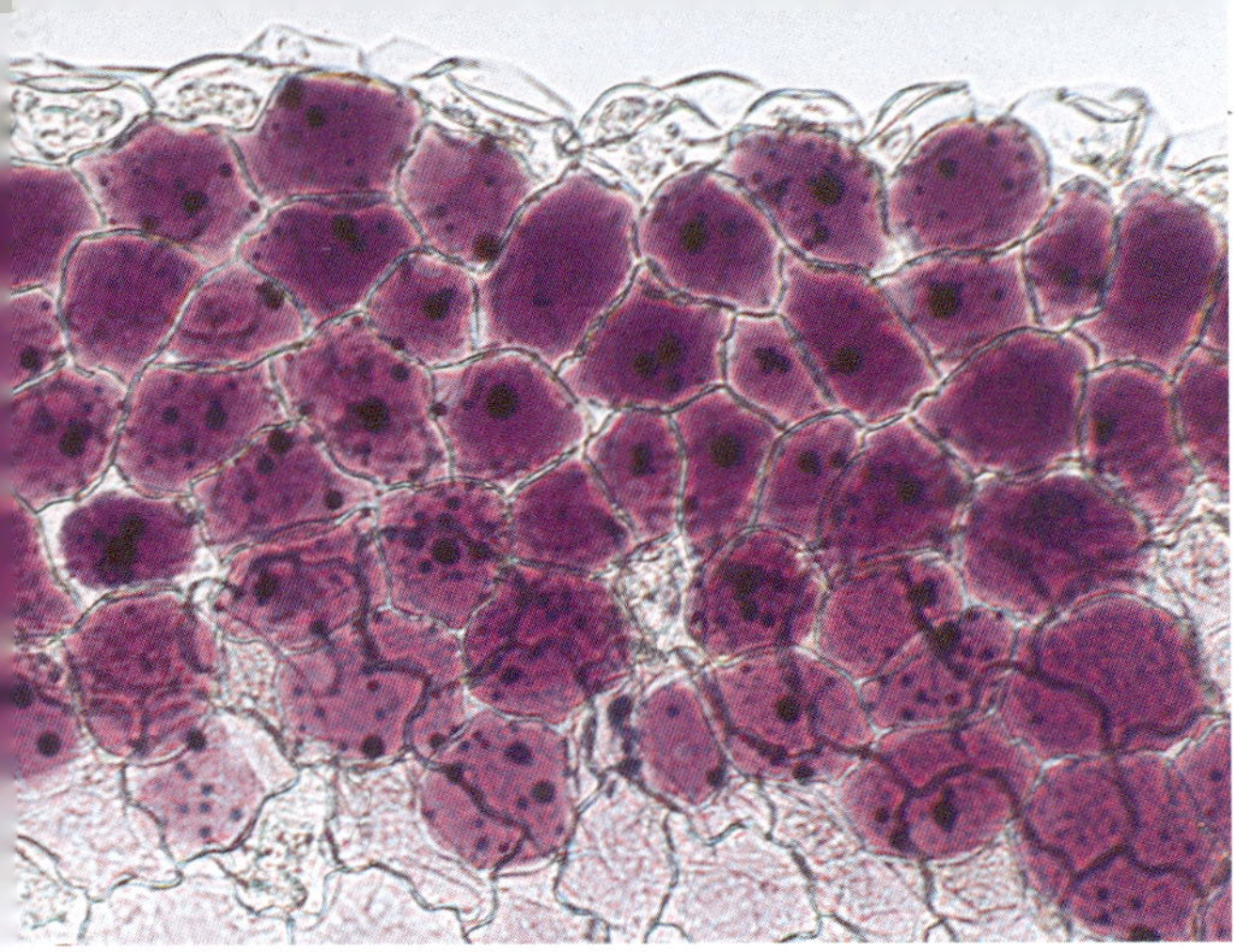

⬆顕微鏡《けんびきょう》でみたアヤメの花《はな》びらの断面《だんめん》。細胞《さいぼう》の中《なか》の紫色《むらさきいろ》のかたまりは，照明《しょうめい》の熱《ねつ》であたためられるときえ，温度《おんど》が下《さ》がるとまた色水《いろみず》の中《なか》にあらわれます。このような例《れい》は，アントシアンを多《おお》くふくむ花《はな》でよくみられます。

➡アヤメは山野《さんや》にも生《は》え，庭《にわ》にも栽培《さいばい》されて，6月《がつ》ごろ花《はな》をさかせます。

温度《おんど》でかわる花《はな》の色《いろ》

アヤメの花《はな》びらを顕微鏡《けんびきょう》でのぞいていたときのことです。花《はな》の色《いろ》の小部屋《こべや》に一つずつ、こい紫色《むらさきいろ》のかたまりがみえました。照明《しょうめい》をしたまま、しばらく時間《じかん》をおいてまたのぞくと、かたまりはどの部屋《へや》からもきえて、いちように赤紫色《あかむらさきいろ》の部屋《へや》になっています。

顕微鏡《けんびきょう》の照明《しょうめい》をけして時間《じかん》をおき、またのぞくと、こんどは一部屋《へや》に数個《すうこ》ずつ、小《ちい》さい点《てん》のようなつぶつぶがみえました。さらに温度《おんど》が下《さ》がると、つぶはやがてもとの、こい紫色《むらさきいろ》のかたまりになりました。このかたまりは、照《しょう》明《めい》の熱《ねつ》であたためられるときえ、照明《しょうめい》を切《き》って冷《ひ》えるとまたあらわれました。

●アントシアン（青《あお》）

①ツユクサの花《はな》びらを切《き》りとって酢《す》（酸《さん》）につけます。②青《あお》い色《いろ》がしだいにでて、③やがて赤《あか》くなります。

●アントシアン（紫《むらさき》）

①紫色《むらさきいろ》のパンジーを用意《ようい》します。②すりつぶして色水《いろみず》をつくります。③重曹水《じゅうそうすい》（アルカリ）をたらすと、④青《あお》くかわりました。⑤こんどはレモンのしぼりじる（酸《さん》）をたらすと、⑥赤《あか》い色水《いろみず》にかわります。

●酸《さん》やアルカリでかわる花《はな》の色《いろ》

花《はな》の色素《しきそ》のうちアントシアンは、酸《さん》やアルカリにあうと、色《いろ》がかわりやすい色素《しきそ》です。

たとえば、青《あお》い色《いろ》のアントシアンは酸《さん》にとけて赤《あか》くなり、いっぽう、赤《あか》い色《いろ》のアントシアンはアルカリにとけて、青《あお》くなります。

そこで、ツユクサや紫色《むらさきいろ》のパンジーの花《はな》びらを酢《す》や重曹水《じゅうそうすい》などにつけて、アントシアンの色《いろ》がわりの実験《じっけん》をすることができます。

カロチンは、酸《さん》やアルカリにたいしてほとんど変化《へんか》をしません。

➡オオムラサキの花《はな》。公園《こうえん》や道路《どうろ》ぞいによく植《う》えられている、花《はな》の大《おお》きなツツジです。

⬅雨《あめ》あがりのオオムラサキの花《はな》。雨《あめ》のしずくがついたところだけ、色《いろ》がぬけていました。

花《はな》びらの色《いろ》をけした犯人《はんにん》はだれ？

公園《こうえん》にさいているツツジ、オオムラサキを観察《かんさつ》していたときのことです。きのうみた花《はな》は、とてもみごとでした。しかし、けさの花《はな》は点《てん》てんと色《いろ》がぬけて、まだらもようの花《はな》ばかりです。

夜明《よあ》けにふった雨《あめ》のしずくがついているところだけ、どれも花《はな》びらの色《いろ》が白《しろ》くぬけています。雨《あま》つぶの中《なか》にふくまれていた物質《ぶっしつ》が、花《はな》の色素《しきそ》をこわしてしまったと考《かんが》えられます。

雨《あめ》は空気中《くうきちゅう》の二酸化炭素《にさんかたんそ》もとかしてふってくるので、ふつうは弱《よわ》い酸性《さんせい》です。都会《とかい》の空気《くうき》には、ほかに自動車《じどうしゃ》の排気《はいき》ガスなどによる酸化物《さんかぶつ》がまじっているので、ふる雨《あめ》も強《つよ》い酸性《さんせい》です。

←色《いろ》のぬけた部分《ぶぶん》を顕微鏡《けんびきょう》で拡大《かくだい》してみました。白《しろ》っぽいところが，雨《あめ》にふくまれていた物質《ぶっしつ》のため，色《いろ》が変化《へんか》したところです。

⬆赤《あか》いホコバテイキンザクラの花《はな》にきたベニモンアゲハ。（宮古島熱帯植物園《みやこじまねったいしょくぶつえん》で撮影《さつえい》）

花《はな》の色《いろ》をえらんでいる虫《むし》たち

花《はな》がいろいろな色素《しきそ》によって、さまざまにみえ、また時間《じかん》とともに色《いろ》の変《へん》化《か》する花《はな》もあることがわかりました。

それらの花《はな》には、さまざまな虫《むし》たちが、蜜《みつ》や花粉《かふん》をもとめてやってきます。では、どの花《はな》にもきているかというと、そうではありません。

モンシロチョウは青《あお》や紫《むらさき》、黄色《きいろ》の花《はな》をこのみ、赤《あか》い花《はな》にはほとんどきていません。アゲハは赤《あか》い花《はな》に強《つよ》くひきつけられます。ミツバチは白《しろ》や黄色《きいろ》の花《はな》に強《つよ》くひきつけられます。虫《むし》には、それぞれすきな色《いろ》があるようです。

これらの虫《むし》は、いずれも太陽《たいよう》の光《ひかり》のもとで活動《かつどう》する虫《むし》たちです。

↑白《しろ》いヒメジョオンの花《はな》にきたミツバチ。円内《えんない》はミツバチのうしろ足《あし》の拡大《かくだい》。くぼみのまわりに長《なが》い毛《け》がはえていて，花粉《かふん》を運《はこ》ぶかごの役目《やくめ》をします。

虫《むし》たちへの合図《あいず》——蜜標《みつひょう》

花《はな》は花《はな》びらの色《いろ》だけでなく、近《ちか》づいてきた虫《むし》に、もっとよくめだつしるしで合図《あいず》して、蜜《みつ》のありかを教《おし》えています。花《はな》びらのまわりと中央部《ちゅうおうぶ》で色《いろ》がかわっていたり、花《はな》の中央《ちゅうおう》にむかってついている線《せん》などがそうです。これらを蜜標《みつひょう》といいます。

オオムラサキの蜜標《みつひょう》は、花《はな》の上側《うわがわ》のこい点《てん》の集《あつ》まりで、その下側《したがわ》に蜜《みつ》のでる場所《ばしょ》があります。

↑蜜《みつ》をすうミツバチ。蜜標《みつひょう》の下《した》に蜜《みつ》のでてくる口《くち》があります。

↑オオムラサキの花《はな》の蜜標《みつひょう》。花《はな》の上側《うわがわ》にあります。

←オオムラサキの花粉《かふん》。ねばる糸《いと》でじゅず状《じょう》につながっています。

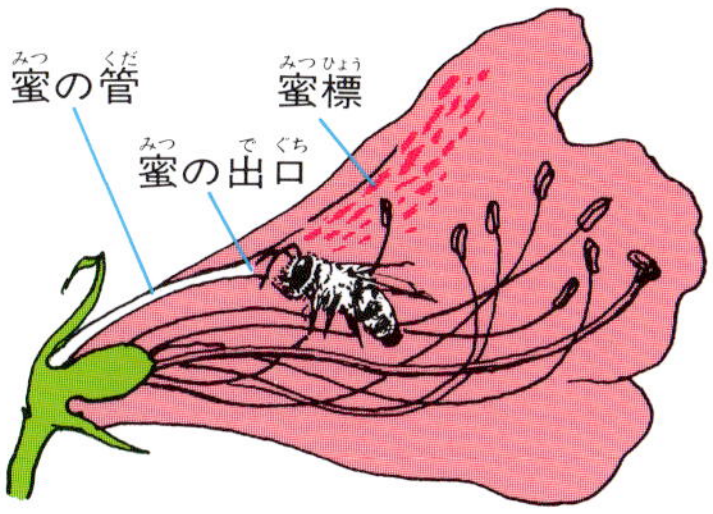

➡夜《よる》の花《はな》，カラスウリのめばな。夕方《ゆうがた》から開《ひら》き，夜《よる》８時《じ》ごろ白《しろ》いレースのような花《はな》を開《ひら》ききり，つぎの日《ひ》の朝《あさ》にはしぼみます。

⬅ガのやってきたメマツヨイグサ。日《ひ》がしずむと花《はな》を開《ひら》き，翌朝《よくあさ》，日《ひ》がさしはじめるととじます。夜《よる》のあいだやってくるのは，おもにガのなかまです。円内《えんない》は花《か》粉《ふん》。ねばる糸《いと》でじゅず状《じょう》につながっています。

夜《よる》さく花《はな》の色《いろ》とおとずれる虫《むし》

花《はな》には、朝開《あさひら》いて夕方《ゆうがた》しぼむ花《はな》や、昼《ひる》も夜《よる》もさきつづける花《はな》、昼間《ひるま》開《ひら》いて夜《よる》とじることを何日《なんにち》もくりかえす花《はな》などがあります。

カラスウリの花《はな》は夜《よる》になると開《ひら》き、つぎの朝《あさ》にはしぼんでしまいます。カラスウリには、おばなだけさくお株《かぶ》と、めばなだけさくめ株《かぶ》があり、花粉《かふん》を運《はこ》ぶのは虫《むし》です。

カラスウリは長《なが》い筒型《つつがた》の花《はな》ですから、長《なが》い口《くち》をもつ虫《むし》でないと蜜《みつ》をすうことができません。こんな長《なが》い口《くち》をもった虫《むし》は、スズメガのような大型《おおがた》のガのほかにありません。

マツヨイグサのなかまも夕方《ゆうがた》開《ひら》き、夜《よる》のあいださいて、翌朝《よくあさ》にはしぼみます。

夜《よる》の花《はな》は白《しろ》や黄色《きいろ》が多《おお》く、星《ほし》あかりでもみえます。また強《つよ》い香《かお》りをだす花《はな》もあります。

●夜《よる》の花《はな》なのに、昼《ひる》の虫《むし》がきている？

朝早《あさはや》く、メマツヨイグサの花《はな》をみにいくと、ミツバチやコハナバチがさかんにきていました。ハチたちは蜜《みつ》をすい、花粉《かふん》をからだにつけて、花《はな》から花《はな》へ飛《と》びうつっています。メマツヨイグサの花《はな》が、夜活動《よるかつどう》する虫《むし》だけでなく、昼間活動《ひるまかつどう》する虫《むし》もひきよせていることがわかります。

夜《よる》のあいだ、ガなど夜《よる》の虫《むし》がこなくても、朝早《あさはや》く活動《かつどう》するハチたちのおかげで、花粉《かふん》のうけわたしができるのでしょう。夜《よる》の虫《むし》がこないときのために、昼《ひる》の虫《むし》も利用《りよう》している花《はな》といえます。

⬆早朝《そうちょう》のメマツヨイグサの花《はな》にきたハナバチ。朝《あさ》，花《はな》がとじる前《まえ》に，ミツバチやコハナバチなどがよくきています。

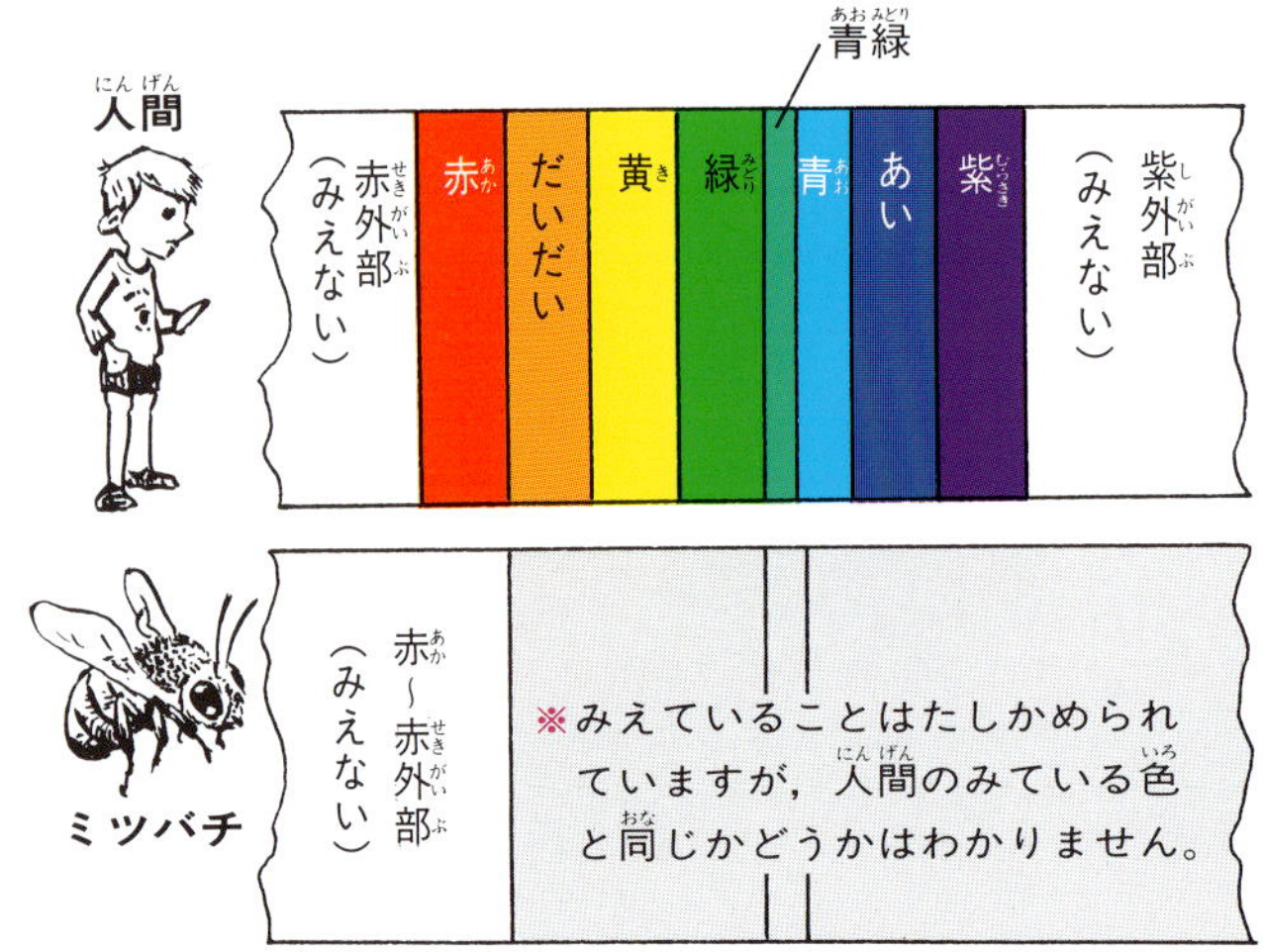

↑わたしたち人間《にんげん》にみえるのは，光《ひかり》の中《なか》の紫《むらさき》から赤《あか》い色《いろ》までです。ミツバチの目《め》には，赤《あか》い色《いろ》はみえませんが，人間《にんげん》にはみえない紫外色《しがいしょく》をみていることがたしかめられています。

↑ジョロウグモの糸《いと》にでた虹色《にじいろ》。太陽《たいよう》の光《ひかり》には紫《むらさき》から黄色《きいろ》，赤《あか》い色《いろ》まで，さまざまな色《いろ》がふくまれていることがわかります。

人間《にんげん》のみている色《いろ》、虫《むし》のみている色《いろ》

花《はな》が赤《あか》くみえるのは、花《はな》びらが光《ひかり》の中《なか》の赤《あか》い色《いろ》を反射《はんしゃ》して、その色《いろ》がわたしたちの目《め》にとどくからです。青《あお》くみえるのは、反《はん》射《しゃ》してくる青《あお》い色《いろ》をみているからです。

人間《にんげん》とちがい、ミツバチの目《め》には赤《あか》い色《いろ》がみえませんが、紫外線《しがいせん》を反射《はんしゃ》してとどく色《いろ》、紫外色《しがいしょく》がみえるのです。でも、わたしたちの目《め》には、紫外色《しがいしょく》はみえません。

そこで、※紫外線《しがいせん》を写《うつ》せるレンズとフィルターで花《はな》を撮影《さつえい》してみました。すると、わたしたちには白《しろ》または黄色《きいろ》一色《いっしょく》にみえていた花《はな》に、黒《くろ》いもようが写《うつ》りました。ハチの目《め》でみると、もようのある花《はな》なのです。

明《あか》るく写《うつ》った部分《ぶぶん》は紫外線《しがいせん》を反射《はんしゃ》したところ、黒《くろ》い部分《ぶぶん》は吸収《きゅうしゅう》したところです。

※ある波長《はちょう》の紫外線《しがいせん》を発射《はっしゃ》するストロボと、反射《はんしゃ》した紫外光《しがいこう》を

●ハルジオン

⬆紫外線《しがいせん》で写《うつ》すと，花《はな》の内側《うちがわ》は反射《はんしゃ》が弱《よわ》いので，黒《くろ》っぽく写《うつ》ります。

⬆ふつうの写《うつ》し方《かた》（白黒写真《しろくろしゃしん》）で写《うつ》すと，全体《ぜんたい》が同《おな》じような色《いろ》に写《うつ》ります。

●セイヨウタンポポ

⬆紫外線《しがいせん》で写《うつ》すと，紫外線《しがいせん》を反射《はんしゃ》しない中央部《ちゅうおうぶ》は黒《くろ》く写《うつ》ります。

⬆ふつうの写《うつ》し方《かた》（白黒写真《しろくろしゃしん》）で写《うつ》すと，全体《ぜんたい》が同《おな》じような色《いろ》に写《うつ》ります。

●レンゲソウ

⬆紫外線《しがいせん》で写《うつ》すと，花《はな》の中央《ちゅうおう》部《ぶ》は紫外線《しがいせん》をよく反射《はんしゃ》して，白《しろ》っぽく写《うつ》ります。

⬆ふつうの写《うつ》し方《かた》（白黒写真《しろくろしゃしん》）で写《うつ》すと，全体《ぜんたい》が同《おな》じような色《いろ》に写《うつ》ります。

↑ナノハナにきたスジグロシロチョウ。スジグロシロチョウは，モンシロチョウに近《ちか》いなかまです。

←紫外線《しがいせん》を写《うつ》すカメラで撮影《さつえい》しました。ナノハナにもようのあることがわかります。また，スジグロシロチョウの羽《はね》も，ふつうの写真《しゃしん》で写《うつ》したときと，すこしちがっています。

モンシロチョウの目《め》でみたら……

モンシロチョウの目《め》は、いろいろな実験《じっけん》をとおしてよくしらべられていて、紫外色《しがいしょく》のみえる目《め》であることがわかっています。

紫外色《しがいしょく》を写《うつ》すことのできるカメラで、黄色一色《きいろいっしょく》にみえるナノハナの写真《しゃしん》を撮《と》ってみました。すると、花《はな》の中心部《ちゅうしんぶ》にもようが写《うつ》りました。そのもようが、モンシロチョウの目《め》では、どんな色《いろ》にみえているのか、わたしたち人間《にんげん》にはわかりません。でも、花《はな》の中心部《ちゅうしんぶ》とまわりでは、ちがう色《いろ》にみえていることはたしかです。

このように、わたしたちには白《しろ》や黄色一色《きいろいっしょく》にみえている花《はな》も、虫《むし》の目《め》にはもようがみえて、花《はな》の中心《ちゅうしん》が一目《ひとめ》でわかるのです。花《はな》の中心《ちゅうしん》、そこは蜜《みつ》のありかなのですから。

→キャベツ畑《ばたけ》で羽化《うか》したモンシロチョウ。人間《にんげん》の目《め》ではおすかめすか、ほとんどわかりません。

←モンシロチョウのめす。ふつうの白《しろ》黒《くろ》写《しゃ》真《しん》（上《うえ》）と紫《し》外《がい》線《せん》をつかった写真《しゃしん》（下《した》）。

なかまをみつけるための目《め》

モンシロチョウの目《め》は、蜜《みつ》のありかをみつけるためにだけあるわけではありません。モンシロチョウも子孫《しそん》をのこすために、おすとめすが出会《であ》わなくてはなりません。紫外色《しがいしょく》の写《うつ》るカメラで、モンシロチョウのおすとめすを撮影《さつえい》すると、おすの羽《はね》は紫外色《しがいしょく》を吸収《きゅうしゅう》して黒《くろ》っぽく写《うつ》り、めすの羽《はね》は反射《はんしゃ》して白《しろ》く写《うつ》りました。

わたしたちの目《め》には、モンシロチョウのおすとめすは、ほとんど区別《くべつ》がつきませんが、モンシロチョウの目《め》には、一目《ひとめ》でわかるのです。紫外色《しがいしょく》のみえる目《め》は、なかまをみわけるためのたいせつな目《め》でもあるのです。

←モンシロチョウのおす。ふつうの白《しろ》黒《くろ》写真《しゃしん》（上《うえ》）。紫外《しがい》線《せん》をつかった写真《しゃしん》（下《した》）は、羽《はね》が黒《くろ》く写《うつ》っています。

●**オオムラサキの蜜標《みつひょう》**
右《みぎ》は，ふつうの光《ひかり》で撮《と》った蜜《みつ》標《ひょう》のカラー写真《しゃしん》。左《ひだり》は，紫外《しがい》線《せん》ストロボをつかって撮《と》った写真《しゃしん》。フィルムは，ふつうのカラーフィルムです。

●**オオイヌノフグリの蜜標《みつひょう》**
右《みぎ》は，ふつうの光《ひかり》で撮《と》った蜜《みつ》標《ひょう》。青《あお》いすじがめだちます。左《ひだり》は，紫外線撮影《しがいせんさつえい》。すじはみえにくくなりましたが，花《はな》の中央部《ちゅうおうぶ》の色《いろ》がこくなり，蜜腺《みっせん》のあたりが光《ひか》ってみえます。

蜜標《みつひょう》を虫《むし》の目《め》でみたら……

つぎに、わたしたち人間《にんげん》の目《め》にもよくみえる蜜標《みつひょう》を紫外線《しがいせん》をつかって写《うつ》してみました。すると、オオムラサキの蜜標《みつひょう》は、いっそうきわだって写《うつ》りました。

ところがオオイヌノフグリの場合《ばあい》は、かえってみえにくくなりました。これは撮影《さつえい》につかった紫外線《しがいせん》が、光《ひかり》のなかの一部《いちぶ》の波長《はちょう》だからです。

虫《むし》の目《め》には、およそ紫外線《しがいせん》から赤《あか》以外《いがい》の波長《はちょう》の光《ひかり》までみえています。

虫《むし》のみている光《ひかり》の波長《はちょう》にも幅《はば》があり、別《べつ》の波長《はちょう》の光《ひかり》をつかうと、オオイヌノフグリの蜜標《みつひょう》は、もっとめだつしくみなのかもしれません。

⬆朝早《あさはや》く，ミツバチのきているメマツヨイグサの花《はな》。しぼむまえにさかんにきています。

⬇メマツヨイグサの紫外線写真《しがいせんしゃしん》。花《はな》の中央部《ちゅうおうぶ》は紫外線《しがいせん》を吸収《きゅうしゅう》し，まわりは反射《はんしゃ》してもようがあらわれます。このもようのなかに蜜《みつ》をだしている場所《ばしょ》があります。

●メマツヨイグサを紫外線《しがいせん》で写《うつ》してみたら

さきに（P33）、夜《よる》さくメマツヨイグサの花《はな》が、朝早《あさはや》くとじるまえに、昼《ひる》の虫《むし》たちもくる花《はな》であることを知《し》りました。メマツヨイグサの花《はな》が、夜《よる》の虫《むし》だけをよぶ花《はな》なら、昼《ひる》の虫《むし》たちにみえるめじるしはなくてもいいはずです。

そこで紫外線《しがいせん》をつかって撮影《さつえい》してみました。すると、花《はな》の中央部《ちゅうおうぶ》にもようが写《うつ》りました。ということは、太陽《たいよう》から紫外線《しがいせん》がでている昼《ひる》のあいだ活動《かつどう》する虫《むし》にも、合図《あいず》をおくっている花《はな》ということができます。

➡コヒルガオにきているハナバチのなかま。花《はな》は一日《にち》でしぼんでしまい，ハナバチが花《はな》の開《ひら》いている短《みじか》いあいだにやってきて蜜《みつ》をすい，花粉《かふん》を集《あつ》めます。

⬅コヒルガオの中《なか》で，やってくる虫《むし》をまちぶせる白《しろ》いからだのアズチグモ。花《はな》にくるハナバチやミツバチの背《せ》にかみついて，体液《たいえき》をすっているところをよくみかけます。

アズチグモと花《はな》の色《いろ》

花《はな》にきているのは、蜜《みつ》や花粉《かふん》がめあての虫《むし》だけではありません。花《はな》にくる虫《むし》をまちぶせてとらえる、クモのなかまもいます。まわりがピンクで、中央《ちゅうおう》が白《しろ》いコヒルガオの花《はな》に、からだの白《しろ》いアズチグモがひそんでいるのをよくみかけます。わたしたち人間《にんげん》の目《め》には、白《しろ》い部分《ぶぶん》に白《しろ》いクモがいると、よくわかりません。

では、コヒルガオにやってくるハチの目《め》には、どのようにみえているでしょうか。紫外線《しがいせん》をつかって写《うつ》してみました。すると、花《はな》の中央《ちゅうおう》の白《しろ》い部分《ぶぶん》はきえて、まわりと同《おな》じ暗《くら》い色《いろ》に写《うつ》りました。そして、花《はな》の中央《ちゅうおう》にいるアズチグモも、まわりとほとんど同《おな》じ色《いろ》に写《うつ》り、花《はな》びらにとけこんでいました。

←コヒルガオとアズチグモの紫外線写真《しがいせんしゃしん》。アズチグモは，花《はな》の蜜《みつ》や花粉《かふん》を集《あつ》めにくる虫《むし》たちの目《め》にあわせて，みえにくいからだの色《いろ》で，姿《すがた》をかくしていると考《かんが》えられます。

上《うえ》，オシロイバナの花《はな》の上《うえ》の黄《き》色《いろ》いアズチグモ。人《にん》間《げん》の目《め》には，赤《あか》に黄《き》色《いろ》はめだちます。右《みぎ》，紫《し》外《がい》線《せん》写《しゃ》真《しん》。クモのからだの色《いろ》は花《はな》びらの色《いろ》にとけこんでいます。

上《うえ》，ヘチマの花《はな》の上《うえ》の黄《き》色《いろ》いアズチグモ。人《にん》間《げん》の目《め》にはめだちません。右《みぎ》，紫《し》外《がい》線《せん》写《しゃ》真《しん》。花《はな》の中《ちゅう》央《おう》部《ぶ》は紫《し》外《がい》線《せん》を吸《きゅう》収《しゅう》する部《ぶ》分《ぶん》で，クモはその色《いろ》にあわせています。

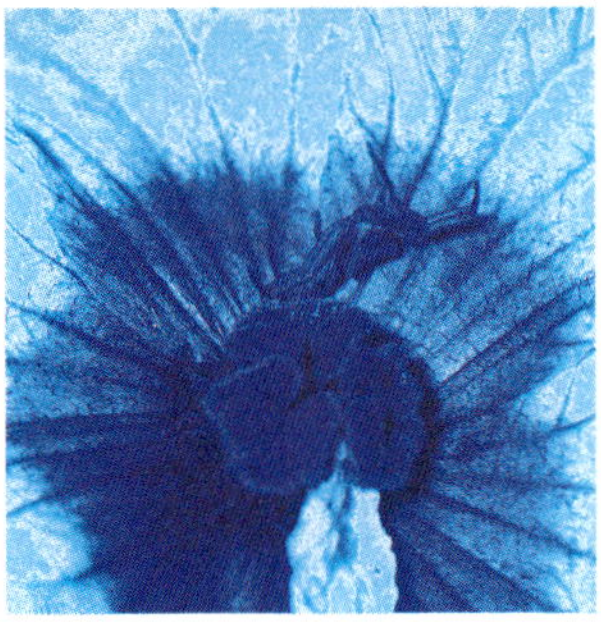

アズチグモには、黄《き》色《いろ》いからだのものもいます。ヘチマの花《はな》の上《うえ》では花《はな》の色《いろ》にとけこんで、わたしたちの目《め》にはめだちません。ところが、赤《あか》いオシロイバナでみつけた黄《き》色《いろ》いアズチグモはよくめだちます。

そこで、また紫《し》外《がい》線《せん》撮《さつ》影《えい》をしてみました。するとヘチマの花《はな》のクモは、花《はな》の中《ちゅう》心《しん》部《ぶ》のもようにとけこみ、オシロイバナのクモは、花《はな》びらの色《いろ》にすっかりとけこんで写《うつ》りました。

どうやら白《しろ》いクモも黄《き》色《いろ》いクモも、紫《し》外《がい》線《せん》を感《かん》じとる目《め》をもっていて、花《はな》にやってくる虫《むし》たちのみている花《はな》の色《いろ》にあわせて、からだの色《いろ》をかえることができるようです。

⬆メマツヨイグサの花《はな》の上《うえ》で，アズチグモにつかまってしまったミツバチ。メマツヨイグサの花《はな》の中央部《ちゅうおうぶ》にも紫外線《しがいせん》を吸収《きゅうしゅう》する部分《ぶぶん》があり，アズチグモはその部分《ぶぶん》の色《いろ》にあわせてからだの色《いろ》をかえ，まちぶせていたのです。このように，花《はな》の上《うえ》は，その色《いろ》をめぐって，ふしぎなドラマがくりひろげられる舞台《ぶたい》です。

←エビネの花粉《かふん》のかたまりを頭《あたま》につけたヒゲナガハナバチ。エビネの花《はな》をおとずれたあと，たまたまドウダンツツジの花《はな》へきているところをみつけました。

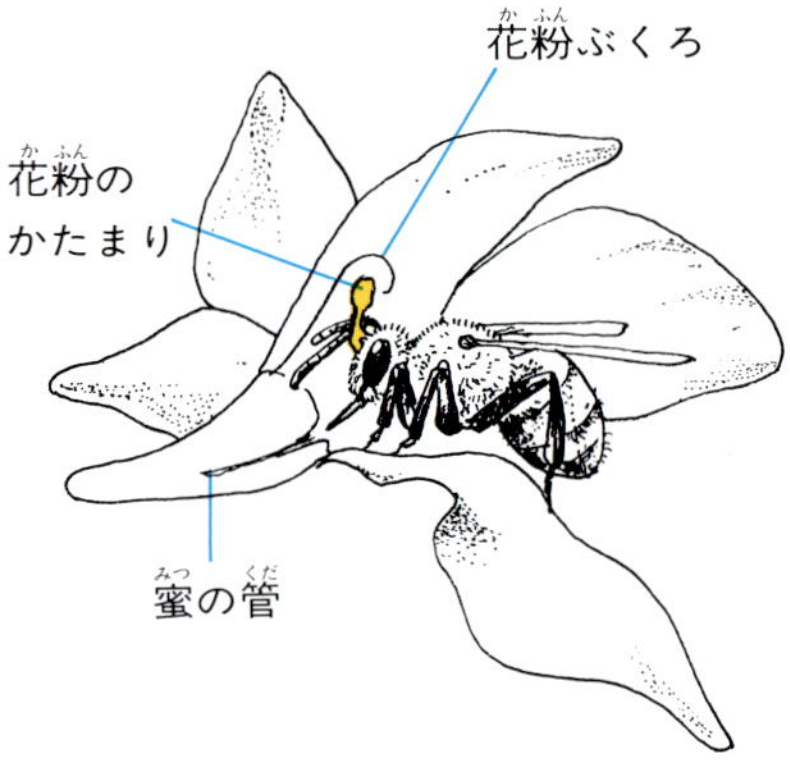

エビネの花《はな》の断面《だんめん》

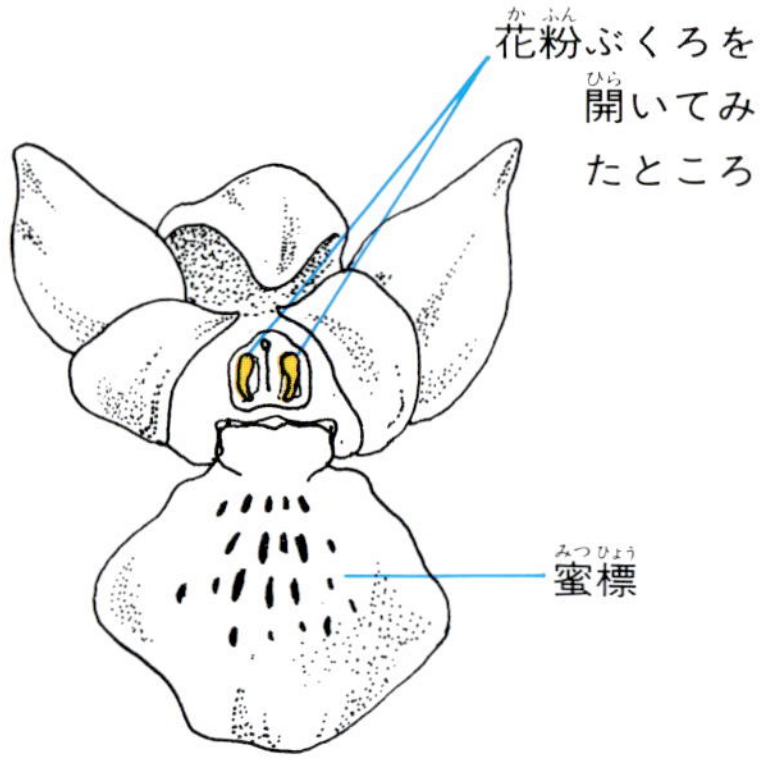

正面《しょうめん》からみたエビネの花《はな》

エビネのちえ？

花《はな》は、花粉《かふん》を運《はこ》んでくれる虫《むし》をよぶくふうをいろいろこらして、虫《むし》とのつながりを深《ふか》めてきました。色《いろ》だけではありません。形《かたち》や花《か》粉《ふん》をわたすしくみもくふうしてきました。そのような花《はな》の一つに、エビネがあります。

エビネの花《はな》は、おとずれるハチが頭《あたま》をいれたとき、花粉《かふん》をかたまりごとハチの頭《あたま》につけてしまいます。そして、ハチがつぎのエビネの花《はな》をおとずれて頭《あたま》をいれたとき、花粉《かふん》がめしべの先《さき》につくしくみになっています。

▶キク科《か》の花《はな》にきて蜜《みつ》をすう
ウスバシロチョウ

●皿状花《さらじょうか》

花《はな》がたくさん集《あつ》まって、上《うえ》が平《たい》らな形《かたち》をしています。その形《かたち》が皿《さら》のようです。ミツバチやアブ、ハナムグリなどがやってきてはいまわり、受粉《じゅふん》をてつだいます。蜜標《みつひょう》はありません。
（例《れい》）ハルジョオン、タンポポなどキク科《か》のなかま。

花《はな》の形《かたち》と虫《むし》とのつながり

たねをつくり、子孫《しそん》をのこす植物《しょくぶつ》にとって、花《はな》はたねをつくるためのたいせつな器《き》官《かん》でした。地球上《ちきゅうじょう》に花《はな》をおとずれる昆虫《こんちゅう》があらわれてから、花《はな》と虫《むし》のつながりは、どんどん深《ふか》まっていき、なかにはエビネの花《はな》のように、花粉《かふん》を運《はこ》ばせる特別《とくべつ》なしくみを身《み》につけたものもあらわれました。

花《はな》の形《かたち》は色《いろ》と同《おな》じようにさまざまです。これらの花《はな》の形《かたち》は、あるきまった虫《むし》がきまった花《はな》をたびたびおとずれているうちに、花粉《かふん》を運《はこ》んでもらいやすいように、しだいにかかわってきた結果《けっか》です。つまり、花《はな》も受《じゅ》粉《ふん》を助《たす》けてくれる虫《むし》をえらんでいるのです。

このような目《め》でみると、花《はな》の形《かたち》もいくつかの型《かた》にわけてみることができます。

ロート状花《じょうか》

花《はな》の形《かたち》がロート（じょうご）ににています。蜜《みつ》は花《はな》のおくにあり、ハチたちがよくきます。花粉《かふん》を集《あつ》めるハチは、一度《ど》花《はな》びらをあるいておくへはいり、蜜《みつ》をすったあとおしべをのぼり、花粉《かふん》を集《あつ》めます。いくらか蜜標《みつひょう》をもっているものもあります。

（例《れい》）コヒルガオ、ホタルブクロ、キキョウ

▲コヒルガオ

ブラシ状花《じょうか》

花《はな》はびっしり集《あつ》まっていて、おしべやめしべが長《なが》くつきだしています。ビンをあらうときにつかうブラシの形《かたち》ににています。

ハナバチやアブ、チョウなど、さまざまな昆虫《こんちゅう》がやってきて花粉《かふん》を運《はこ》んでくれます。蜜《みつ》標《ひょう》はありません。

（例《れい》）ノアザミ、ネムノキ、クガイソウ

▲ノアザミ

のど状花《じょうか》

花《はな》のおくをのぞくと、口《くち》を開《ひら》いたときの、わたしたちののどの形《かたち》ににています。

蜜標《みつひょう》は下側《したがわ》の花《はな》びらにあり、花《はな》のおくの蜜《みつ》をすいに虫《むし》がはいっていくときに、花粉《かふん》が背《せ》中《なか》につきます。おもにハナバチのなかまが受《じゅ》粉《ふん》をてつだいます。

（例《れい》）オドリコソウ、ツリフネソウ

▲ツリフネソウ

旗状花《はたじょうか》

上側《うわがわ》の花《はな》びらは旗《はた》のような形《かたち》で、蜜標《みつひょう》もあります。下側《したがわ》の花《はな》びらには、おしべとめしべがかくされています。

力《ちから》の強《つよ》いハナバチが下側《したがわ》の花《はな》びらをおし下《さ》げて、花《はな》のおくの蜜《みつ》をすおうとするとき、おしべやめしべがあらわれて受粉《じゅふん》します。

（例《れい》）レンゲソウ、エンドウ、エニシダ

▲レンゲソウ

筒状花《つつじょうか》

花《はな》びらやがく、おしべまでが細長《ほそなが》く、筒《つつ》の形《かたち》をしています。

花《はな》にくるのはチョウやガです。でも筒《つつ》の中《なか》にははいれないので、外《そと》から長《なが》い口《くち》をさしこんで蜜《みつ》をすいます。そのとき花粉《かふん》が頭《あたま》、または、からだのまえのほうにつきます。

（例《れい》）ムシトリナデシコ、スイカズラ

▲ムシトリナデシコ

きてほしくないお客《きゃく》さん

花《はな》は、花粉《かふん》を運《はこ》んでくれる虫《むし》を積極的《せっきょくてき》によびよせるために、蜜《みつ》をだし、花粉《かふん》が虫《むし》につきやすいようなしくみも発達《はったつ》させてきました。でも、花《はな》びらの色《いろ》やもようやにおいにひかれてやってくる昆虫《こんちゅう》たちのなかには、花《はな》にとって、うれしくないものもいます。

コガネムシは花《はな》をまるごと食《た》べてしまいます。クマバチは花《はな》びらのもとにある距《きょ》という部分《ぶぶん》を外《そと》から口《くち》で切《き》りさいて、中《なか》の蜜《みつ》だけすい、花粉《かふん》にはぜんぜんふれません。

花《はな》を食《た》べる鳥《とり》も、きてほしくないお客《きゃく》さんといえるでしょう。

➡コブシの花《はな》びらを食《た》べるヒヨドリ。くちばしや頭《あたま》についた花粉《かふん》が運《はこ》ばれることもあるでしょうが，つぼみのうちに食《た》べられたり，花全体《はなぜんたい》が食《た》べられてしまったら受粉《じゅふん》の役《やく》にはたちません。

⬅メマツヨイグサの花《はな》を食《た》べるコガネムシのなかま。おしべやめしべまで食《た》べられてしまうことがあるので，実《み》をむすべません。

⬇オオマツヨイグサの距《きょ》の部分《ぶぶん》を口《くち》で切《き》りさくようにして蜜《みつ》をぬすんでいくクマバチ。

オシロイバナの実《み》。

➡オシロイバナの花《はな》。夜《よる》にさき，筒状《つつじょう》の花《はな》ですから，ガのような長《なが》い口《くち》をもった虫《むし》でないと蜜《みつ》はすえません。

⬇おしべとめしべがついてしまいました。朝《あさ》，花《はな》をとじるまえには，ぐるぐるまきになっています。虫《むし》がきてもこなくても，ぐるぐるまきになります。

↑上《うえ》，すっかり花《はな》びらの開《ひら》いたオオイヌノフグリの花《はな》。運《うん》よく虫《むし》がきて受粉《じゅふん》することもあります。←左《ひだり》，午後《ごご》になると花《はな》はとじはじめ，花《はな》びらにおされて，２本《ほん》のおしべがめしべに近《ちか》づいてくっつき，自花受粉《じかじゅふん》してしまいます。

自分《じぶん》で受粉《じゅふん》してしまう花《はな》

花《はな》がさいているあいだ、虫《むし》のきているようすがなかったのに、実《み》をたくさんつける花《はな》があります。オシロイバナもその一つです。夕《ゆう》方《がた》から夜《よる》のあいださくオシロイバナには、スズメガなどがきています。でも都会《とかい》では、ほとんど虫《むし》のきているようすはありません。

じつは虫《むし》がこなくても、おしべとめしべがからまりあって、同《おな》じ花《はな》の中《なか》で受粉《じゅふん》をしています。このような受粉《じゅふん》を自花受粉《じかじゅふん》といいます。早春《そうしゅん》のあまり虫《むし》の多《おお》くないころにさくオオイヌノフグリも、自花受粉《じかじゅふん》をする花《はな》です。じょうぶでよい性質《せいしつ》のたねをのこすのには、ほんとうはほかの株《かぶ》の花粉《かふん》で受粉《じゅふん》するほうがいいのですが、虫《むし》のすくない早春《そうしゅん》の花《はな》にとっては、まず子孫《しそん》をのこすほうがだいじです。

←風《かぜ》で花粉《かふん》を飛《と》ばすカナムグラのおばな。カナムグラは，お株《かぶ》とめ株《かぶ》があり，秋《あき》になると茎《くき》の先《さき》に花《はな》をつけます。

↑トウモロコシのおばなから花粉《かふん》を集《あつ》めるミツバチ。風媒花《ふうばいか》の花粉《かふん》はさらさらしていて，ミツバチの足《あし》もとからこぼれおちてちります。

虫《むし》より風《かぜ》のほうがたよりになる？

いま地球上《ちきゅうじょう》で、もっとも栄《さか》えている植物《しょくぶつ》は、めだつ花《はな》をさかせ、虫《むし》をよんで受粉《じゅふん》し、子孫《しそん》をのこしている植物《しょくぶつ》です。

しかし、なかにはトウモロコシやカナムグラの花《はな》のように、ときどきハチがきて花粉《かふん》を集《あつ》めている花《はな》もあります。これらの花《はな》は、ほんらい風《かぜ》にたよって受粉《じゅふん》する風媒花《ふうばいか》です。

そのむかし、一度《ど》は虫《むし》をよんではみたものの、風《かぜ》にたよるほうがよかったのでしょう。蜜《みつ》もほとんどださないこれらの花《はな》にハチがくるのは、ハチの側《がわ》で、その豊富《ほうふ》な花粉《かふん》を利用《りよう》したいからでしょう。

←カナムグラのおばな(上《うえ》)とめばな(下《した》)。お株《かぶ》とめ株《かぶ》がわかれているので，自《じ》花《か》受《じゅ》粉《ふん》することはありません。風《かぜ》まかせで飛《と》んでいく花《か》粉《ふん》は小《ちい》さく，数《かぞ》えきれないほどの数《かず》です。

➡ムラサキケマンの花《はな》にやってきたシロスジヒゲナガハナバチ。

⬇ムラサキケマンの実《み》がはじけて，のこったたねが黒《くろ》くみえています。

たねのゆくえとアリ

花《はな》の色《いろ》が、受粉《じゅふん》を助《たす》けてくれる虫《むし》をよぶ、たいせつな役目《やくめ》をしていることをみてきました。

虫《むし》の力《ちから》をかりて、ぶじに実《み》をむすんだ植物《しょくぶつ》は、そのたねをすこしでも多《おお》く、すこしでも遠《とお》く旅《たび》だたせて、広《ひろ》く子孫《しそん》をのこそうとします。

ムラサキケマンの実《み》は、じゅくすと自分《じぶん》ではじけて、たねを飛《と》ばします。たねには、アリのすきな白《しろ》い部分《ぶぶん》がついていて、巣《す》に運《はこ》ばれていきます。巣《す》に運《はこ》ばれたたねは、アリに白《しろ》い部分《ぶぶん》を食《た》べられ、巣《す》の外《そと》へすてられます。たねはやがて芽《め》をだし、いのちを広《ひろ》げていくでしょう。

このように、花《はな》には、たねになっても虫《むし》との深《ふか》いつながりをもつものがあります。

⬆ムラサキケマンのたねを運《はこ》ぶトビイロケアリ。たねについた白《しろ》いものは，アリのすきな部《ぶ》分《ぶん》で，巣《す》に運《はこ》ばれてアリに食《た》べられます。かたくて食《た》べのこされた部《ぶ》分《ぶん》はたねの本《ほん》体《たい》で，巣《す》の外《そと》へすてられてしまいます。

あとがき

アズチグモには、白《しろ》いからだのクモと黄色《きいろ》いからだのクモがいます。花《はな》の色《いろ》によって、めだってみえてり、花《はな》の色《いろ》にかくれてしまったりします。

写真《しゃしん》に撮《と》って観察《かんさつ》しているうちに、わたしたちの目《め》にはみえないのですが、紫外線《しがいせん》に感《かん》じてからだの色《いろ》をかえていることがわかりました。それは、ちょうど花《はな》にくるハナバチの目《め》でみる世界《せかい》と同《おな》じでした。

アズチグモは、花《はな》の中《なか》にいて、ハナバチをとらえるクモです。ハチの目《め》にあわせて、花《はな》の色《いろ》にかくれることができるとしたら、りくつにあっています。

花《はな》の色《いろ》をしらべようと思《おも》ったのは、このような花《はな》にひそむクモに興味《きょうみ》をもったからです。花《はな》や花《はな》の色《いろ》について書《か》かれた本《ほん》は、たくさんあります。アズチグモと花《はな》の色《いろ》の観察《かんさつ》のほかは、多《おお》くの本《ほん》を参考《さんこう》にさせていただきました。とくに「花《はな》の色《いろ》の謎《なぞ》」(安田　齋)と「虫媒花《ちゅうばいか》と風媒花《ふうばいか》の観察《かんさつ》」(田中　肇)を参考《さんこう》にさせていただきました。

花《はな》にひそむクモの観察《かんさつ》は、まだはじめたばかりですが、これからもつづけようと思《おも》っています

(一九八八年四月)　**佐藤有恒**

佐藤有恒（さとう　ゆうこう）

一九二八年、東京都に生まれる。子どものころより昆虫《こんちゅう》に興味《きょうみ》をもち、東京都公立小学校に勤《つと》めながら昆虫写真を撮《と》りつづける。

一九六三年、虫と花をテーマにした個展《こてん》をひらき、翌《よく》一九六四年に、フリーのカメラマンとなる。以後《いご》、すぐれた昆虫生態《せいたい》写真を発表しつづける。おもな著書《ちょしょ》に「アゲハチョウ」「テントウムシ」(共にあかね書房)などがある。

一九九一年、逝去《せいきょ》。

NDC471
佐藤有恒
科学のアルバム　植物18
花の色のふしぎ

あかね書房 2022
56P　23×19cm

科学のアルバム
花の色のふしぎ

一九八八年 四 月初版
二〇〇五年 四 月新装版第 一 刷
二〇二二年一〇月新装版第一一刷

著者　佐藤有恒
発行者　岡本光晴
発行所　株式会社 あかね書房
〒一〇一－〇〇六五
東京都千代田区西神田三－二－一
電話〇三－三二六三－〇六四一（代表）
http://www.akaneshobo.co.jp
印刷所　株式会社 精興社
写植所　株式会社 田下フォト・タイプ
製本所　株式会社 難波製本

©Y.Sato 1988 Printed in Japan
ISBN978-4-251-03400-7
定価は裏表紙に表示してあります。
落丁本・乱丁本はおとりかえいたします。

○**表紙写真**
・コヒルガオにきている
コハナバチのなかま

○**裏表紙写真**（上から）
・白《しろ》いヒメジョオンの花《はな》にきたミツバチ
・赤紫色《あかむらさきいろ》になったアジサイの花《はな》
・時間《じかん》とともに色《いろ》をかえる
スイカズラの花《はな》

○**扉写真**
・ムラサキツユクサの花粉《かふん》を
集《あつ》めるハチ

○**もくじ写真**
・ソメイヨシノの花《はな》に飛《と》んできて
蜜《みつ》をすうアゲハチョウ